物理学者のいた街——

# 哲学者たり、理学者たり

太田浩一

東京大学出版会

Philosopher and Physicist :
The Physicist Lived Here
Koichi OHTA
University of Tokyo Press, 2007
ISBN978-4-13-063602-5

# 地図と時刻表を手に

街にはいろんな顔がある。

例えばバイロイト。ヴァーグナー信奉者の巡礼地で、ヴァーグナーの家やその庭にある墓所を訪れるのが定番コースだ。旧市街西郊にある墓地でリストの墓に詣でる人もいるだろう。だが、その墓地の入口近くの壁に取り付けられた銘板に気づく人はほとんどいない。モーツァルトの従妹「ベースレ」の墓があったことを示す銘板だ。モーツァルトは、母とともにパリに行く途中で立ち寄った父の故郷アウクスブルクで、ベースレと意気投合した。ベースレはモーツァルトの初恋の人だ。モーツァルトは、次に訪れたマンハイムで、ちょっと下品な手紙をベースレに書きながら、アロイジア・ヴェーバーに夢中になった。パリからの帰途ミュンヘンで、アロイジアにふられたモーツァルトは、ベースレを呼び寄せて癒してもらうのだが、ベースレは後に、二股をかけられたことを知り、モーツァルトと絶交する。当然だ。ベースレは一七八四年にアウクスブルク大聖堂の聖職者との間に一人娘を生んで非婚の母になった。ベースレが娘夫婦と一緒にバイロイトにやってきたのは一八一四年のことである。ヴァーグナーの家がある広大な庭園を突っ切るとジャン・ポール広

場に出る。その片隅にある旧郵便局が八十二歳で亡くなるまでベースレが住んだ家だ。入口の上にベースレとモーツァルトの肖像が刻まれた銘板が取り付けてある。ベースレの遺品の中にはモーツァルトがマンハイムからベースレに送った象牙製のモーツァルト像が見つかった。

かなしみ色のベースレを知って、バイロイトに対する読者の印象は変わっただろうか。かなしくても腹は減る。昼食のためにヴァーグナーの家の近くの食堂に立ち寄った。運転手を買って出た友人に、バイロイト近郊にあるシュタルクの生家に行ってみたいと頼んだら、「ドイツ人として、ナチ物理学者の生家に行くことはできない」と断られてしまった。読者がバイロイトに抱く印象はまたがらりと変わったかもしれない。

物理に興味を持つ人に街はどんな顔を見せるのだろう。この本は、歴史、文学、音楽、映画などの話題を交えながら、物理学者たちがいきいきと生きていた街角に読者を案内し、彼らの生涯と業績を紹介するのが目的である。現代の教科書では忘れられたり、法則の名前だけでしか記憶されていない物理学者も取り上げるが、正確な情報は驚くほど少ない。執筆する上で肝に銘じたことは、原論文を読むこと、生家や、住んだ家や、研究した場所を探し出して自分の目で確かめること、そして、墓参りをすることだ。

モーツァルトの傑作『弦楽五重奏曲ト短調』について、劇作家アンリ・ゲオンがその著書『モーツァルトとの散歩』の中で、トリステス・アラント、はつらつとしたかなしさ、と表現したのは有名である。小林秀雄はゲオンを受けて、『モオツァルト』の中で、「確かに、モオツァルトのかなしさは疾走する。涙は追ひつけない。涙の裡に玩弄するには美しすぎる。空の青さや海の匂ひの様に、「万葉」の歌人が、その使用法をよく知つてゐた「かなし」といふ言葉の様にかなしい。こんなアレグロを書いた音楽家は、モオツァルトの後にも先きにもない。まるで歌声の様に、低音部のない彼の短い生涯を駈け抜ける。彼はあせつてもゐないし急いでもゐない。彼の足どりは正確で健康である。彼は手ぶらで、裸で、余計な重荷を引つてゐないだけだ。彼は悲しんではゐない。たゞ孤独なだけだ。孤独は、至極当り前な、ありのまゝの命であり、でつち上げた孤独に伴ふ笑や皮肉の影さへない」と言っている。モーツァルトは短い生涯を駆け抜けた。物理学者たちも、苦悩と挫折にめげず、優れた業績を残してその生涯を駆け抜けた。この本では、そのような物理学者の業績が現代物理学にどのように生きているかを考えるとともに、疾走するかなしさを紹介したい。

本を書くためにたくさんの人たちの助けを借りた。原論文や原著を探し出して複写を送ってくれた人、公共交通機関のない場所に行くのに運転手になってくれた人、墓地を走り回って墓を一緒に探してくれた人などあげればきりがない。街角ではいつも善意の人が道を教えてくれた。またこのような本の出版を引き受けてくれた東京大学出版会と編集者丹内利香さんに特に感謝したい。ほかでは得られない正確な情報を伝えると同時に、意外な発見を添えて、多くの読者にエッセイとしても楽しんでもらえるようにした。

それでは、地図と時刻表をたずさえて、気ままな物理の旅に出かけよう。

# 船乗りナットの冒険

ボウディチ

*Nathaniel Bowditch*

グロスター漁師記念碑

初めて外国の地を踏んだときの印象は誰もが忘れられないものだろう。「そんな英語で米国で働いて成功するのか？」というのが米国で聞いた最初の英語だった。空港から乗ったタクシーの運転手が心配そうに言った言葉だが、英語はともかく、米国人が外国人を外国人と見ないところが衝撃でもあり感動でもあった。

そして最初にしばらく住んだのがダンヴァーズという田舎町だった。ボストン北駅からロックポート線で三十分北上するとセイラムという町に出る。ダンヴァーズはセイラムに隣接する小さな町で、かつてのセイラム村である。ニューイングランドの平凡な町が米国史上きわめて異常な事件の舞台になったということはまもなく知った。

ロックポート線はアン岬を走る通勤線だが、セイラムから三十分、終点ロックポートの一駅手前にグロスターという港町がある。タイムスリップしたような古めかしい町で、ときどき週末に出かけて海辺を散歩したものだ。立ち寄った古本屋やレストランが懐かしい。海岸には海を見つめて舵を取る船乗りの銅像があり、

「魔女の家」（コーウィンの家）

台座に「船で海に沈む彼ら」と刻まれている。周囲には海に散った無数の船乗りたちの名が刻まれている。そこに記された一六二三年に初めて入植者がやってきた。だが最初の定住は失敗した。コナントに率いられた入植者は一六二六年に現在のセイラムの地に移住した。一六二八年に最初の清教徒が同地にやってきた。彼らは新エルサレム建設を目指して町の名をヘブライ語で平安を意味するセイラムに変えた。一六三〇年に清教徒の別のグループがマサチューセッツ湾会社のもとにセイラムにやってきた。すぐにボストンにも港をつくった。清教徒は自分たちの宗教的自由を守る一方で、クエイカー教など異なる宗派を弾圧した。罰金、追放、むち打ちばかりでなく、耳を切り落としたり、烙印を押したり、公開絞首刑にしたりした。

セイラムが狭くなるとその北西にセイラム村がつくられた。事件は一六九二年に起こった。セイラム村の少女たちが異常なひきつけを起こした。問いつめられた少女たちは村の三人の女性の生き霊が彼女たちを苦しめるのだと告白した。セイラムの判事ホーソーンと

セイラム魔女裁判記念碑

コーウィンがセイラム村にやってきてインガーソルの居酒屋で尋問を始めようとしたが、あまりにも聴衆が多くなったので村の集会所に場所を移した。告発された三人のうち二人はひきつけを起こす少女たちの面前で無実を訴えたが、一人が悪魔に会ったと自白した。パニックが起こった。百五十人もが魔女の疑いをかけられ投獄された。

なかでも、慈悲深く信仰心が厚いことで知られていた七十一歳のレベッカ・ナースの場合は悲惨だった。集会所でレベッカは「永遠なる父の前で私は無実であるということができます」とホーソーンに答えている。レベッカの裁判は六月三十日に行われた。陪審はレベッカ無罪の評決を下した。そのとたんに少女たちが見ていられないようなひきつけを起こした。判事に再考を促された陪審の再度の評決は有罪だった。レベッカは七月十九日にほかの四人の「魔女」とともにセイラムの「絞首台の丘」で絞首刑にされた。レベッカの子供たちは母の遺体を盗み出し、家の近くにある家族の墓地に埋葬した。ダンヴァーズのパイン通りにはレベ

キンボールコート生家

ッカの家が現存し、墓地にはレベッカを記念するオベリスクが立っている。レベッカが尋問を受けた集会所の前には「一六九二年のセイラム村魔女ヒステリーの間に死んだ無実の人たちを忘れないために」と刻まれた記念碑が立っている。

犠牲者の数は二十五人、そのうち十九人が絞首刑、一人が圧死、五人が獄死だった。死刑になったのは最後まで無実を訴え続けた勇気ある人たちで、自白した人たちは死刑を免れた。少女たちは自白を聞いたとたんひきつけをやめたからである。被害者は生命を失ったものだけではない。数か月投獄された四歳の少女は一生精神障害から立ち直らなかった。陪審員十二人が悔悟の声明を発表したのは一六九六年である。レベッカの隣人で、レベッカを告発した十二歳のアン・パトナムは一七〇六年に過ちを認める誠実な謝罪文を公表し一七一七年に亡くなるまで独身を通した。アンの埋葬場所には墓碑がない。セイラム村がセイラムから独立してダンヴァーズとなったのは一七五二年である。

セイラム駅はノース川の川縁にある。駅の階段を上ってノース通りをしばらく南下するとエセックス通りとの交差点に「魔女の家」と呼ばれている建物がある。黒い壁がいかにもそれらしいが、実は魔女裁判の判事コーウィンの家である。「魔女の家」の横にある建物がボウディチの家だ。ボウディチは一八一一年から一八二三年までこの家で研究に没頭した。ボウディチは奴隷制を嫌悪したが、この家で生まれた息子ウィリアムも奴隷制廃止論者となり、この家は逃亡奴隷のための「地下鉄道駅」になった。

ナサニエル・ボウディチは一七七三年三月二十六日にセイラムのブラウン通りで生まれた。生家は、魔女博物館（その前にセイラム創立者コナントの銅像が立っている）の近くで、ブラウン通りから入った袋小路キンボールコートの突き当たりに現存する。ホーソーンの友人メルヴィルは『白鯨』をホーソーンに捧げたが、学生時代に読んだ阿部知二訳（岩波文庫）では「ボウディチ」と「バウディチ」の両方が出てきた。ボウディチの肖像画はすぐ近くのピーボディー・エセックス博物館にある。米国最古の博物館だ。肖像画の前で館員に発音はどちらか訊いてみたが、どちらでもかまわないと言っていた。

ボウディチの祖母は、ホーソーンの小説で有名な「七破風館」を建てたジョン・ターナーの孫で、七破風館で生まれた。インガーソル家は没落したターナー家から七破風館を購入した。ホーソーンは従姉スザナ・インガーソルをたびたび訪れて七破風館の資料を集めた。ホーソーンの生家は七破風館の横に現存する。

ナサニエル・ボウディチ

セイラム墓地

ボウディチの母の実家もインガーソル一族でダンヴァーズ出身である。博物館近くの古い墓地に「魔女裁判の判事ジョン・ホーソーンが埋葬されている」と書かれた標識がある。ジョン・ホーソーンはホーソーンの曾々祖父にあたる。ホーソーンは『緋文字』（福原麟太郎訳、角川文庫）でこう書いている。「私の先祖は軍人で、立法者で、裁判官であった。教会の支配者でもあった。清教徒としての特質を良きも悪しきも共に持ち、苛酷な迫害者でもあった。それはクエーカー達が証人である。……彼らの宗派の一婦人に対して彼に苛酷な仕業のあった一事件を記述しているのである。……彼の息子もその迫害の精神を受けついで、魔女の殉難に著しい人物となった。たしかに魔女達の血が彼の身の上に汚点を印していると言ってよいのである。実に、その汚点は深くしみ込んで、チャーター・ストリート墓地に枯れ古びている彼の骨が、まだ全く土埃に化してしまっていないならば、今も尚その跡を残しているに相違ないのだ。」ホーソーンは苛酷な先祖を持ったことを生涯悩み続けた。

墓地の隣には一九九一年にアーサー・ミラーが除幕した「セイラム魔女裁判記念碑」がある。ミラーは一九五三年にセイラム魔女裁判を題材にして『クルーシブル（るつぼ）』を書き、マッカーシズムを批判した。十七世紀のセイラム村集団ヒステリーを笑うことはできない。これからも同じことが繰り返される危険はいつでもある。

ボウディチの父は樽職人として育てられ、長じて船長になったが、船を失って破産したので一七七五年に



七破風館（右頁）

ロウプス邸

一家は母の実家があるダンヴァーズに引っ越した。父はダービー家の農園で働く約束だったがまた海に出た。ボウディチの船主となるイライアス・ハスケット・ダービーは米国で最初の百万長者と言われている「セイラム王」でダンヴァーズに農園を持っていた。現在もダンヴァーズに夏の別邸が残っている。ボウディチ一家は一七七九年にセイラムに帰り七破風館裏の小さな家に住んだ。父は樽職人に戻った。ボウディチは七歳でワトソン学校に入学したが十歳で退学し父を手伝うようになった。その年末に母を失っている。十二歳のときロウプス・アンド・ホジズ雑貨店に徒弟奉公に出た。船長たちが航海のための必需品を購入する店で、ウォーターフロント、ダービー通りに面していた。

雑貨店で働く間に、向学心に燃えるボウディチに応えて、助言者が現れた。雇い主ジョン・ロウプスの父ナサニエルは判事だったが航海、天文学、数学の本を備えた自分の図書室を使えるようにしてくれた。ロウプス邸は「魔女の家」のすぐ先のエセックス通りにある。また薬局店主ネイサン・リードはその図書室で勉

セイラム図書館

強させてくれた。一七八七年から代数、一七八九年から微積分を独学で勉強し始めた。一七九〇年にロウプス・アンド・ホジズが廃業し雇い主はウィリアム・ウォードに代わったがボウディチは二十一歳まで徒弟奉公を続けた。一七九一年に牧師ウィリアム・ベントリーとジョン・プリンスはボウディチが哲学図書館を使えるようにはからってくれた。それはアイルランドの科学者カーワンの蔵書で、独立戦争の最中に私掠船が略奪し、競売で買った業者が包装紙にするところを買い取ったものである。カーワンは戦後、蔵書が有効に使われていることを知り、対価支払いの申し出を断った。エセックス通りをさらに行くとセイラム図書館がある。後にボウディチが設立を助けた図書館だが、かつての哲学図書館蔵書が収められている。ホーソーンが勉強した図書館だ。重要な本を手にしたボウディチは片端からそれらを書き写していった。ベントリーはニュートンの『プリンキピア』を貸してくれた。それを読むためにラテン語の勉強を始め、一七九三年には読了しニュートンの誤りまで見つけた。一七九二年に

ボードマン邸

はフランス語の勉強も始めた。
徒弟奉公を終えるとボウディチは船乗りとなり一七九五年から一八〇三年の間に五回の航海に出た。最初の四回はダービーの船に乗った。ボウディチはこれらの航海中に計算を行い一八〇二年に『新アメリカ実践航海者』を出版した。それには月の角度を測定して経度を決めるボウディチの公式が書かれている。現在でも船乗りが使っている不朽の名著だ。一八〇二―〇三年の最後の航海では共同持ち船パトナムの船長となったが、ラプラースが一七九八年に出版した『天体力学』第一巻を航海中に読破した。
ボウディチは一七九八年三月に幼なじみのエリザベス・ボードマンと結婚したが七月に父を失った。新居はセイラムコモンの東に面するエリザベスの母の家だった。エリザベスの父は海で亡くなった（セイラムコモンの北にあるウィンター通りには詩人、奴隷制廃止論者で、「アミスタッド事件」審理において黒人たちに無罪を言い渡した最高裁判事ジョウゼフ・ストーリーの家が現存する。ホーソーンはストーリーの息子の

チェスナット通り旧居

友人でしばしばこの家に来た）。ボウディチは新婚五か月で三回目の航海に出たが十月に病身だったエリザベスが十八歳で亡くなった。二年後に従妹でエリザベスのまた従妹にあたるダンヴァーズのメアリー・インガーソルと結婚した。幼なじみで初恋の人だが一度はふられた。数学の話ばかりしたのがまずかった。

一八〇五年から一八一一年まで、セイラム図書館近くのチェスナット通りにある家に、徒弟時代の雇い主ホジズ家と共同で住んだ（メアリーはジョナサン・ホジズの姪）。現存するこの家で天文学と数学の研究論文を多数執筆している。一八〇四年に「エセックス火災海上保険会社」社長に就任した。一八〇六年にハーヴァードカレッジの数学・物理学教授として招聘されたが断った。人前で話すのを極端に嫌った。一八一一年から一八二三年にボストンに移住するまで住んだ家が上でも述べた「魔女の家」の隣である。一八一八年にヴァージニア大学、一八二〇年に陸軍士官学校から数学教授として招聘されたがいずれも断った。ボウディチは一八一七年までにラプラースの『天体力学』四

ノース通り旧居

巻を英語に訳し終えていたが費用がなく出版できなかった。それは単なる翻訳ではなく、原著が二倍になるほどの詳細な注釈を付したものである。原文では省略された部分を補足し、ラプラース以後の結果を付け加え、ラプラースが言及しなかった論文を紹介している。ボストンに移住し不本意に「マサチューセッツ病院生命保険会社」保険経理人に就任したのはその収入によって『天体力学』の出版が可能になると考えたからだ。四巻はそれぞれ一八二九、三二、三四、三九年に私財を投じて出版した。第四巻の出版はボウディチ没後になる。ダウンタウンのオティス広場（現在のウィンスロップ広場）にあった住居は一八五八年に取り壊され現存しない。

大学の振動波動論で「ブラックバーン振り子」と呼ばれるY字型振り子は誰もが勉強する。ブラックバーンはトムソン（後のケルヴィン卿）とケンブリッジのトリニティーカレッジ以来の親友で、共通の友人テイトはブラックバーンが学生時代の一八四四年につくったY字型振り子をブラックバーン振り子と名づけた。

だがブラックバーンは論文を書いていない。ボウディチはその二十九年前にあの「魔女の家」の隣でこれ以上にない論文を書いていた。

　ヴァーモント大学のディーンは一八一五年に論文「月の秤動から生じる、月から見た地球の見かけの運動に関する研究」を発表した。ディーンは論文の最後に、月から見た地球の運動は二点でつるされた振り子によって再現できるだろうと書いている。ボウディチはこの論文を見てY字型振り子を研究することを思い

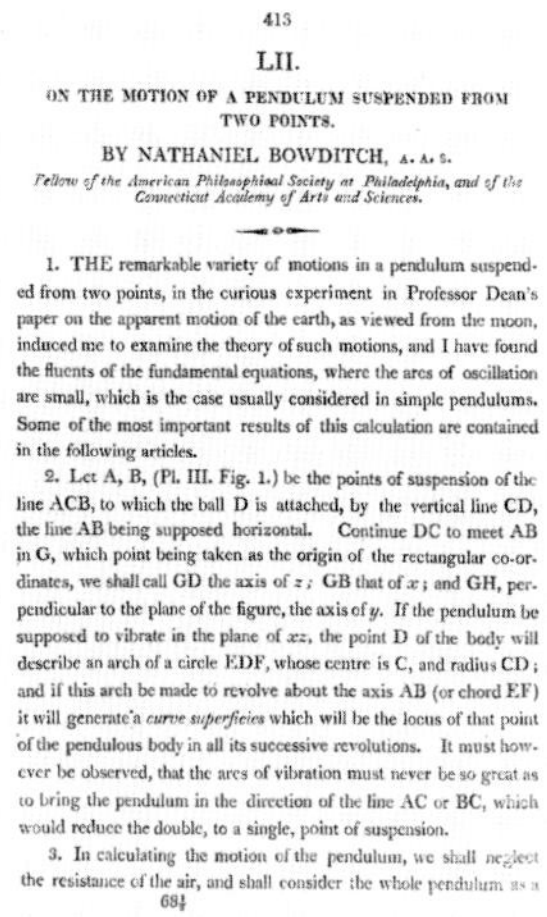

413

LII.

ON THE MOTION OF A PENDULUM SUSPENDED FROM TWO POINTS.

BY NATHANIEL BOWDITCH, A. A. S.

*Fellow of the American Philosophical Society at Philadelphia, and of the Connecticut Academy of Arts and Sciences.*

1. THE remarkable variety of motions in a pendulum suspended from two points, in the curious experiment in Professor Dean's paper on the apparent motion of the earth, as viewed from the moon, induced me to examine the theory of such motions, and I have found the fluents of the fundamental equations, where the arcs of oscillation are small, which is the case usually considered in simple pendulums. Some of the most important results of this calculation are contained in the following articles.

2. Let A, B, (Pl. III. Fig. 1.) be the points of suspension of the line ACB, to which the ball D is attached, by the vertical line CD, the line AB being supposed horizontal. Continue DC to meet AB in G, which point being taken as the origin of the rectangular co-ordinates, we shall call GD the axis of $z$; GB that of $x$; and GH, perpendicular to the plane of the figure, the axis of $y$. If the pendulum be supposed to vibrate in the plane of $xz$, the point D of the body will describe an arch of a circle EDF, whose centre is C, and radius CD; and if this arch be made to revolve about the axis AB (or chord EF) it will generate a *curve superficies* which will be the locus of that point of the pendulous body in all its successive revolutions. It must however be observed, that the arcs of vibration must never be so great as to bring the pendulum in the direction of the line AC or BC, which would reduce the double, to a single, point of suspension.

3. In calculating the motion of the pendulum, we shall neglect the resistance of the air, and shall consider the whole pendulum as a

68½

「二点からつり下げられた振り子の運動について」

立った。ボウディチの論文はディーンの論文と同じ巻に載っている。微小振動では二点を結ぶ方向とそれに直交する方向で振動数が異なる二つの調和振動子になる。ボウディチはこの運動を数学的に完璧に解析した。振り子が描く図形は、現代では「リサジュー曲線」と呼んでいるが、一八五七年のリサジューの論文より四十二年も前にボウディチが同じ曲線を発見していた。「ボウディチ曲線」と呼ぶべきなのだろう。

　ボウディチは一八三八年三月十七日にボストンで亡くなった。妻のメアリーは一八三四年に亡くなっていた。二人の墓はケンブリッジのマウント・オーバン墓地にある。起伏のある緑あふれる公園墓地である。門を入って少し上ると地球儀と八分儀を下に置き、膝の上にラプラースの『天体力学』を持つボウディチの座像がある。山道を上り下りしながら、ロングフェロウ（ホーソーンのボウドンカレッジ時代からの友人）、イザベラ・ステュアート・ガードナー、ジョウゼフ・ストーリーなどの墓参りをして歩いていくと、奥まった丘の上にボウディチ夫妻の墓所があった。

ボウディチ墓所

マウント・オーバン墓地にある銅像

ホーソーンは晩年をボストン郊外コンコードの「ウェイサイド」で過ごした。ホーソーンが生涯でただ一度持った家でオールコット家から購入した。ルイーザ・メイ・オールコットが『若草物語』を書いた「オーチャドハウス」はすぐ近くだ。コンコードのスリーピー・ホロウはマウント・オーバンに次いでつくられた美しい公園墓地である。小高くなった「文学者の峰」の階段を上ると木陰にホーソーン、ソーロー、エマソン、オールコットの墓がかたまっている。

ホーソーン墓碑

# ソーヌ河畔モンドール

アンペール

*André-Marie Ampère*

ベルクール広場

パリのリヨン駅でTGVに乗車すると二時間でリヨンに着く。最初にパールデュー駅、次にペラーシュ駅に停車する。リヨンはソーヌ川がローヌ川に合流する地点にある。二つの川に挟まれたペラーシュ駅前のカルノー広場からヴィクトル・ユゴー通りを歩いていくとアンペール広場にアンペールの銅像がある。ヴィクトル・ユゴー通りはベルクール広場に突き当たる。赤みがかった砂が敷かれた広々とした広場の中央にルイ十四世の騎馬像があり、遠くにフルヴィエールの丘が見える。カエサルの元副官プランクスが紀元前四三年にフルヴィエールの丘に街を築いたのがリヨンの起源だ。丘に上ると二つの川が平行するリヨンの町を一望できる。

永井荷風は一九〇七年七月三十日に夜行列車でペラーシュ駅に着いた。その日から半年間横浜正金銀行リヨン支店に勤務した。銀行の仕事を済ますとソーヌ川をさかのぼって郊外に出て散歩に行くのを習慣にしていた。「蛇つかい」(『ふらんす物語』、岩波文庫)に、フイェー橋の船着き場から小蒸気船に乗ってソーヌ川

アンペールの家

上流に向かったある日のことを記している。ヴェーズを過ぎると人家はまばらになる。「流れは真直に開けて、正面遥かに聳えるモンドオル（黄金の山）へと、次第に高く連って行く小山の列が一目に見渡される。その中腹は見事に開墾されてあるので、晴渡る青空の下に、栽培された野菜の種類が、それぞれ縞目のような美しい色分けをしている。」

ベルクール広場から地下鉄D線に乗るとソーヌ川上流にある終点ヴェーズに着く。ヴェーズで小さなバスに乗った。最初は生徒たちがたくさん乗っていたが途中で皆下りてしまった。バスは人家が途絶えた細い山道を上っていく。モンドールに向かっているのだ。やがてバスは山の中腹にある「アンペールの家」に着いた。アンペールが住んでいたポレミュー＝オ＝モンドール村のこの家は一九三一年にアンペール記念館になった。石造りの大きな屋敷だ。開館時間になってもドアが開く気配がないのでベルを鳴らして記念館を見せてもらった。アンペールに関するさまざまな資料やアンペールや他の物理学者が使ったたくさんの実験器具

アンペールの家遠望

が展示されている。記念館を見学した後、バス道路を歩いて上ってみた。途中の道ばたにアンペールの銅像があった。息を切らせて山上に着くと、教会からアンペールの家や谷をはるかに見下ろすことができる。
裕福な絹商人だったアンペールの父は一七七一年に結婚する直前にポレミューのこの屋敷を購入した。結婚後は夏の家として使った。アンドレ＝マリー・アンペールは一七七五年一月二十日に「絹の都」リヨンの

アンペール像

商業地区にあるサンタントアーヌ河岸で生まれた。生家を探したがわからなかった。アンペールはサンタントアーヌ河岸北端の東にあるサン＝ニジエ教会で洗礼を受けた。両親が結婚した教会でもある。リヨンにキリスト教を伝え一七七年に殉教したヨハネの孫弟子ポテイノスの礼拝堂跡に建てられた。アンペールの父は一七八二年に引退しポレミュー村に移った。リベラルな父はルソーの『エミール』の影響を受け、また村には学校もなかったから、アンペールはまったくの独学だった。アンペールに影響を与えた本はトマの『ルネ・デカルト礼賛』、ディドローとダランベールの『百科全書』二十八巻、ラグランジュの『解析力学』などである。記憶力抜群で、十五年経った後でも『百科全書』のすみからすみまで暗唱できるほどだった。アンペールが晩年に情熱を傾けたのは科学の分類だったが、『百科全書』にそのルーツを求めることができる。

ローヌ河岸にアンペールが教えたことがあるリセー・ド・リヨン（一八八八年以後リセー・アンペール）がある。その近くのコルドリエ広場には一七六六年八月十三日に十歳のモーツァルトと十五歳の姉ナネルルが定期演奏会に出演したホールがあった。アンペールが生まれたのはその後しばらくしてからだ。モーツァルトが一七六二年に女帝マリア・テレジアのヴィーン宮廷に伺候したとき、磨きのかかった床で転んだモーツァルトを助け起こしたマリー＝アントアネットに「大きくなったら結婚しよう」と約束したという逸話がある。もっともツヴァイクは『マリー＝アントアネット』でこの逸話を採用していないが。マリー＝アントアネットは寝室を飾るためカーテンや寝台かけなどをリヨンに注文した。モーツァルトはリヨンに発つ前の一七六六年六月にタンプル宮殿に招かれた。そのときの様子を描いた油彩画『タンプルの四つの鏡の間における英国風茶会』はルーヴルにあるが、モーツァルトにチェンバロを演奏させて談笑する貴族たちの誰一人としてタンプルの将来を予想するものはいなかっただろう。フランス革命で国王一家はタンプルに幽閉された。

フルヴィエールの丘からのリヨン眺望

パリから遠く離れたリヨンも革命の影響を免れることはできなかった。一七九三年十月九日に革命軍がリヨンを奪還したとき、リヨンはその名さえ剥奪され「解放市」と呼ばれることになった。十一月九日にリヨンにやってきたフーシェは一六六七人を虐殺した。ツヴァイクはこのときの一挿話として「リヨンの婚礼」を書いている。またツヴァイクは「リヨンの霰弾乱殺者」フーシェの伝記も書いている。フーシェを「悪魔の魂と死人の顔を持っている」と評したのはユゴーだ。アンペールの父は一七九三年十一月二十五日に市庁舎前のテロー広場に設置された断頭台に上った。マリー＝アントアネットが処刑されてから一か月余り後のことである。アンペールは一年半もの間痴呆のようになり、この経験はトラウマとして一生アンペールにつきまとった。

アンペールが立ち直ったのはルソーの『植物学書簡』によって再び自然への興味をかき立てられたことと、ポレミュー村の北、ソーヌ河畔のサン＝ジェルマン＝オ＝モンドール村で、信仰心篤いジュリー・カロ

アンペール広場

ンと知り合ったためだ。二人は一七九九年八月に結婚し後にリセー・ド・リヨンとなる中央学校の前のバ＝ダルジャン通りに新居を借りたがその幸福もつかの間だった。アンペールは一八〇一年十二月にリヨンの北、ブールカンブレス市の中央学校に職を得た。病身のジュリーをともなうことはできないので単身赴任し安い給料を全額ジュリーに送金した。一八〇三年一月に論文「ギャンブルの数学的理論についての考察」を発表した。この論文に感銘を受けたドランブルはアンペールを新設のリセー・ド・リヨン教師に推薦した。アンペールはその年四月四日に任命され開校日の七月五日から授業を始めたが、ジュリーは十三日に亡くなった。アンペールは晩年に全人生で幸福だったのはたった二年だったと回想している。

　一八〇四年秋にエコール・ポリテクニークの解析学復習教師の職を得てパリに出た。友人の勧めで一八〇六年にジェニー・ポトーと再婚したが破滅的な結婚は二年で破綻した。最初の結婚で一八〇〇年に生まれた息子ジャン＝ジャックは、リヨン生まれで、その美貌によってコンスタン、シャトーブリアン、バランシュらを取巻きにしたサロンの女主人レカミエ夫人の虜になった。ジャン＝ジャック二十歳、レカミエ夫人四十三歳のときである。ダヴィドが描いたレカミエ夫人の肖像画は今でもルーヴルを訪れる男たちの胸をときめかせている。再婚で生まれた娘アルビーヌの結婚相手はアルコール中毒の性格破綻者、借金を抱えた賭博者だった。アンペールは女婿に抜き身の剣で脅迫されたこともある。友人に宛てて「私はひき臼にはさまれた穀粒のようです」と書いている。絶え間ない苦悩と失われていく健康、経済苦の中で偉大な業績を残したアンペールには驚嘆するしかない。アンペールの研究分野は文学や歴史、哲学にも及ぶ。アンペールの哲学は信仰と理性を両立させることだった。アンペールの名は手塚治虫の『ふしぎ旅行記』で登場した善と悪の間でゆれ動く二重人格の謎めいた人物ムッシュ・アンペアによって心に刻みつけられてしまった。アンペールは二重人格というわけではないが、母やジュリーから受け継いだ強い信仰心と、心をかき乱す疑念の間で一生ゆれ動いた。

アンペールの重要な発見の一つは一八一四年の論文で「同じ温度と圧力の下で同じ体積の気体は同じ個数の分子を含む」と述べたことである。それは三年前にアヴォガドロが独立に述べていた法則である。その年科学アカデミー会員に選出され一八一五年にはエコール・ポリテクニーク正教授に昇格した。アンペールの人生最大のチャンスは一八二〇年九月四日に突然やってきた。ときにアンペール四十五歳。その日、アラゴーは科学アカデミーでコペンハーゲンのエールステズが行った発見について報告した。アラゴーは一週間後にエールステズの実験を再現した。エールステズはその年の春に学生の前で私的な講義を行っているとき、導線の下に偶然置いてあった磁針があたかも磁石を近づけたように強く触れることを発見した。その実験は四ページのラテン語の論文「電気的衝突の磁針への効果に関する実験」として発表された。その論文の中で

アンドレ＝マリー・アンペール

カルディナル・ルモアーヌ通り旧居銘板

「電気的衝突は磁気粒子にのみ作用する」、「電気的衝突は導体の中だけでなくそのまわりの空間に広く拡散する」、「電気的衝突は導線のまわりに円をつくる」と述べている。「電気的衝突」を「磁場」に置きかえればエールステズの発見の意味が明瞭だろう。エールステズは「自然界の力は一つしかない」という哲学的な信念を持っていた。それはカントの流れを汲む「自然哲学」によるものである。エールステズはカント哲学を学び、遍歴時代にシェリング、フィヒテ、ティークにも直接会っている。ティークには『後宮からの誘拐』を上演するベルリンの劇場で、それとは知らず、オーケストラピットにいるモーツァルトに話しかけたという有名な逸話があるが、まったくの余談だ。現代物理学はすべての基本力（重力、電磁力、強い力、弱い力）を統一することを目指しているが、その「力の統一」の端緒はエールステズによって開かれた。エールステズは電気力と磁気力の間に関係があることを最初に発見し「電磁気」という用語をつくった。

エコール・ポリテクニークのすぐそばのカルディナル・ルモアーヌ通りとモンジュ通りの交差点にある建物に一八一八年から亡くなるまでアンペールの家があったことを記した銘板が取り付けてある。アラゴーの報告を聞いたアンペールはただちに自宅で研究を開始した。アンペールはこう考えた。「エールステズの実験は電流が磁石の向きを変えることを示した。地磁気も磁石の向きを変える。電流は磁石と同じではないか。地球は電流によって磁石になっているのではないか。そうだとすると電流の作用は磁石だけではなく別の電流にも及ぶのではないか。」そして一週間後から立て続けに毎週科学アカデミーに論文を提出し論文「二つの電流間相互作用について」を出版した。さらに論文「実験により一意に導かれる電気力学的現象の数学理論について」を書いた。公式上の出版は一八二三年だが、内容として一八二五年の分も含んでおり、実際に出版されたのは一八二七年である。さらに、単行本として一八二六年にも出版されているからややこしい。

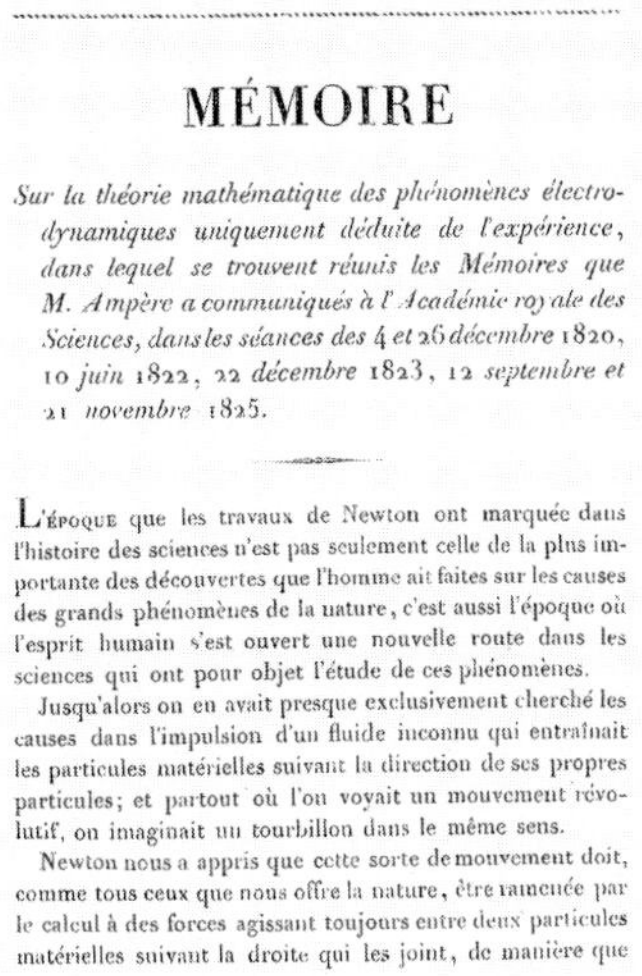
# MÉMOIRE

*Sur la théorie mathématique des phénomènes électro-dynamiques uniquement déduite de l'expérience, dans lequel se trouvent réunis les Mémoires que M. Ampère a communiqués à l'Académie royale des Sciences, dans les séances des 4 et 26 décembre 1820, 10 juin 1822, 22 décembre 1823, 12 septembre et 21 novembre 1825.*

L'ÉPOQUE que les travaux de Newton ont marquée dans l'histoire des sciences n'est pas seulement celle de la plus importante des découvertes que l'homme ait faites sur les causes des grands phénomènes de la nature, c'est aussi l'époque où l'esprit humain s'est ouvert une nouvelle route dans les sciences qui ont pour objet l'étude de ces phénomènes.

Jusqu'alors on en avait presque exclusivement cherché les causes dans l'impulsion d'un fluide inconnu qui entraînait les particules matérielles suivant la direction de ses propres particules; et partout où l'on voyait un mouvement révolutif, on imaginait un tourbillon dans le même sens.

Newton nous a appris que cette sorte de mouvement doit, comme tous ceux que nous offre la nature, être ramenée par le calcul à des forces agissant toujours entre deux particules matérielles suivant la droite qui les joint, de manière que

「実験により一意に導かれる電気力学的現象の数学理論について」

アンペールは磁荷に作用する磁気力ではなく、電流間の力が基本的であると考え、電流要素間に逆二乗則に従う中心力が働くと仮定した。それをもってアンペールは間違っていたとする人がいるが正しくない。アンペールは電流要素間に働く中心力を用いて回路が電流要素に作用する力を計算した。それは単位電流回路がつくる磁場に相当する「ディレクトリース」という量を用いて与えられているが現代の物理教科書で書かれている公式とまったく同じでいささかも間違っていない。

当時は、荷電物質が正と負の電荷を持つ二種類の流体からなるように、磁石は二種類の磁荷を持つ流体からなるとするクーロンの考え方が支配的だった。だが、それでは、電気は電荷、磁気は磁荷によって決まり、両者は互いにまったく関係がないことになる。電荷を持った流体の運動によって磁気力が生じるという発見がアンペールの名を不朽にしている。アンペールが推察したように、地球の磁場は地球内部の流体の電流によって引き起こされる。また磁性体の磁場は電子のスピンによる磁気モーメントがつくることがわかっている。スピンは固有の角運動量で回転にともなう量である。電子の磁気モーメントがスピンに比例するという事実は磁荷によっては説明できない。アンペールは最初磁性体全体を取り巻く電流を考えていたが親友のフレネールの意見を取り入れて分子電流の考え方になった。磁性体が微小電流の流れる分子からなるという考え方はやがてヴェーバーによって原子論に発展していく。

アンペールの「ディレクトリース」からただちに磁場を定義することができる。現代の教科書はそうするのが普通だ。だがマクスウェルは論文「ファラデイの力線について」で回路と磁石が等価であるとする「アンペールの定理」を使って「アンペールの回路定理」と「アンペールの法則」を導いた。「アンペールの法則」は電流が源となって磁場を与える微分方程式である。十九世紀の教科書で「アンペールの法則」はアンペールの力の法則を指していた。マクスウェルがファラデイの「場」の考え方を数学的に表現し、「アンペールの法則」を初めて導いた。場の方程式にアンペールの名を付けるのは非歴史的だ。

リヨンでソーヌ川と合流したローヌ川はマルセーユ近くの地中海に注ぐ。アンペールは一八三六年六月十日にマルセーユで客死した。マルセーユの王立コレージュ（現在のリセー・ティエール）を視察するため病をおしてマルセーユに来ていた。少ない俸給を補うために一八〇八年から視学長官を兼職していたからだ。アンペールの遺骨は一八六九年にパリのモンマルトル墓地にある息子ジャン＝ジャックの墓所に移された。アンペールの墓石には「彼は人間を愛した。彼は素朴で善良で偉大だった」と刻まれている。

ジャン＝ジャックはコレージュ・ド・フランスの歴史学教授となりアカデミー・フランセーズ会員に選出されたが、レカミエ夫人が亡くなるまで彼女の呪縛から抜け出せなかった。ボン・マルシェ百貨店の近くのバック通りにはシャトーブリアンが亡くなった家があり、小公園に胸像もある。シャトーブリアンはレカミエ夫人が住む近くの修道院アベイ＝オ＝ボアに通いつ

アンペール父子墓所（右奥がレカミエ夫人墓碑）

レカミエ夫人墓碑

めたが、レカミエ通りの突き当たりにあるレカミエ椅子広場がその修道院の名残だ。レカミエ夫人は一八四九年にシャトーブリアンを追うように亡くなった。アンペール父子のすぐ近くにあるレカミエ夫人の墓には、両親と夫とともに、夫人の賛美者でアンペールの生涯の親友だった哲学者バランシュの名がある。

ポレミューからの帰りはバスでソーヌ河畔のヌーヴィルに出てバスに乗った。かつての路面電車を代替するバスはソーヌ川沿いに終点のペシュリー河岸まで運

サン＝ニジエ教会

行している。終点のすぐ先はアンペールが生まれたサンタントアーヌ河岸で、アンペールが受洗したサン＝ニジエ教会にも近い。バス停にある建物を見てびっくりした。窓は本であふれているのだが、よく見るとフレスコ画だ。書店の入り口と、書店に入ろうとする人物、カフェまで描かれている。リヨンの町には壁画が描かれた建物がたくさんある。何もない壁面にあたかも本当の窓があるように描いた騙し絵だ。河岸を北に歩いてみた。荷風が乗船したフイェー橋の次にあるサン＝ヴァンサン人道橋の前に全面大壁画になった建物がある。二階には映画を発明したリュミエール兄弟、三階には飛行服を着たサンテグジュペリと星の王子さまが描かれている。いずれもリヨンゆかりの人で、三階の中央はアンペールだ。アンペールの真上の四階の部屋を見上げるとレカミエ夫人がほほえんでいた。

ペシュリー河岸壁画

# 風車小屋だより

グリーン
George Green

ロレンス生家

ノティンガムの下パーラメント通りショッピングセンターにあるヴィクトリアバス駅でバスに乗った。ノティンガム北西にあるイーストウッドに行くためだ。突然バスの運転手が「ロレンスの家に行くんだろう。ここで下りた方がいいよ」と途中で下ろしてくれた。表通りノティンガムロードから坂を下るヴィクトリア通りにD・H・ロレンスの生家があった。れんが造り二階建ての家は記念館になっている。その後引っ越した二軒の家も、ロレンスが通った小学校も、『息子たちと恋人たち』や『チャタレイ夫人の恋人』の舞台となった近郊の場所も現存する。ロレンスは炭坑夫の父や炭坑町を嫌ったが、周囲の自然の美しさを愛した。ロレンスは「こころのふる里」イーストウッドに対する愛憎半ばする感情をその作品に書いている。

ノティンガムのなめし皮職人の家に生まれ、自動車工場やベニヤ板工場で職工だったアラン・シリトーはこの町の下層労働者を主人公にした小説を書き続けた。処女作『土曜の夜と日曜の朝』（氷川玲二訳、新潮文庫）の主人公アーサーは憂鬱な気分でノティンガムの

ノティンガム城

通りを歩いていた。「分厚い雲が、乳白色の山脈を連ねる空中大陸のように漂っているあたりに、褐色砂岩の城山、毛むくじゃらのライオンそっくりの頭が、てっぺんに城をのせ、大きな鼻づらを市外に突きだして、満水状態のトレント川の湾曲部に抱かれた殺風景な郊外を一呑みにしようと身がまえている。……鉄道橋の中央の盛りあがったところで振りかえると、どっしり構えた城の前面がまだ彼を冷笑していた。気に食わん城だ、と彼は思った。生まれてこのかたあんな気に食わんものは見たことがない。乾ききったTNT火薬を何千トンか、モーティマー隧道とかいうトンネルに仕かけてあの城山を天国まで吹きとばしてやりたい、二度とお目にかかれねえようによ。おさえきれぬ憤懣を胸に彼はラディントン通りの黒ずんだ商店や住宅のあいだを歩きつづけた。」

城山の崖下にロビンフッドの銅像が立っている。町の北部に広がるシャーウッドの森に住む義賊ロビンフッドはノティンガム城に住む悪代官と戦った。ノティンガムは小さな美しい町だった。だが産業革命が始ま

ノティンガム城と風車小屋

った。ノティンガムはアークライトが最初の紡績工場をつくったことから紡績の町として発展した。人口が急増し、スラム化が急速に進んだ。ノティンガム城はニューキャスル公爵の所有である。城からははるかにグリーンの風車が回転しているのが見える。一八三六年の版画は逆方向から見ているが城は廃墟になっていることがわかる。一八三一年十月に選挙法改正案が上院で否決されたとき激怒した労働者たちが城に火をつけて破壊してしまった。改正案反対の主導者ニューキ

ノティンガム城からの風車小屋遠望

ャスル公爵ヘンリー・ペラム=クリントンは狂的な労働者嫌い、頑迷な保守主義者だった。
　ノティンガムの繁華街、上パーラメント通りを下りていくと道なりに下パーラメント通りになる。場所はわからないがその通りにグリーンの父が経営するパン屋があった。ジョージ・グリーンは一七九三年七月十四日に聖メアリー教会で受洗し父と同じ名をもらった。一八〇〇年に「パン騒動」があり父のパン屋も飢えた民衆に襲われている。グリーンは翌年三月七歳のとき上パーラメント通りにあったグッデイカーアカデミーに入学したが翌年父を助けるために退学した。学校教育を受けたのはたったの四学期間である。下パーラメント通りはノティンガムのはずれで、その東はスネントンになっている。そのあたりから始まるスネントンロードは坂道だ。坂を上っていくと次第にノティンガムの町が見えてくる。聖スティーヴン教会からさらにミルレインを上り少し入ったところに風車小屋がある。廃墟となっていた風車小屋は一九八五年に修復され「ジョージ・グリーン科学センター」が設置された。風車小屋で実際に粉ひきをしている様子を見学できる。センターの建物の窓ガラスにはグリーンの論文から取ったグリーンの公式が書かれていた。風車小屋からノティンガムの町を一望できる。グリーンの父は一八〇七年にこの場所に土地を購入しれんが造り五階建ての風車小屋を建てた。一家は一八一二年までにグースゲイトという通りに移ったが、一八一七年には風車の横に建てた「ミルハウス」に移り住んだ。その家には銘板が取り付けてある。一八二四年に風車小屋の管理人



グリーンの風車小屋（左頁）

の娘ジェイン・スミスとの間に最初の子供が生まれたが、父はジェインとの結婚を許さなかった。

グリーンは一日中風車小屋で働きながら風車小屋の最上階で数学の勉強を続けた。正規の教育を受けなかったグリーンがどのようにして最先端のフランス数学に触れることができたのかは謎だが、グリーンの伝記を書いたメアリー・キャネルによるとグラマースクール教頭トプリスの影響によるようだ。トプリスはケンブリッジの数学に飽きたらず、フランスで発展している数学を広めようとしていた。一八一四年にはラプラースの『天体力学』を翻訳しノティンガムで出版した。トプリスは一八一九年にクイーンズカレッジ学長としてケンブリッジに帰ったが、グリーン一家は一八一七年までグースゲイトに住んでおり、グラマースクールは角を曲がったストーニー通りにあった。キャネルは二〇〇〇年に八十六歳で亡くなったが、フランス語教師を定年退職後にグリーンの事跡を調べて伝記を書いた情熱に驚かされる。また風車小屋を修復するために中心的役割を果たした。

ノティンガムの中心はマーケット広場だ。広場の西に短い通りエンジェルロウがある。そこにある中央図書館がかつてのブロムリーハウスだ。当時の書棚が残っている。グリーンは一八二三年にブロムリーハウスの図書館の予約購読会員になった。一八二七年十二月十四日の広告でグリーンは次のように書いた。「ジョージ・グリーン著『電気磁気理論に対する数学解析の応用に関する試論』が印刷中で予約制によってまもなく出版される。(許可を得て) ニューキャスル公爵に献呈される。価格は予約者には七シリング六ペンス。予約者は書店およびブロムリーハウス図書館にて受付。」ニューキャスル公爵はあの労働者嫌いのノティンガム城主だ。『試論』は一八二八年五月に私費出版された。グリーンは三十四歳になっていた。前書きの最後に「この論文の課題の難しさから数学者諸氏が寛大な心で本論文を読んでくださることを希望します。特に、精神向上の機会がほとんどないような職業で、許される時間と手段をもってわずかな知識を得なければならない若者によってこの論文が書かれたことをお

ブロムリーハウス

知りになったのですから」と弁解している。予約者は五十一人に過ぎず、しかもその大部分の人にはちんぷんかんぷんで、その論文が後にいかに重要になるかを誰も予想もしなかった。グリーンがおそれていたように私費出版は完全な失敗だった。

万有引力がある関数の勾配で表せることに最初に気づいたのはラグランジュである。ラプラースはこの関数が「ラプラース方程式」を満たすと考えた。ラプラース方程式には源になる項がない。ポアソンはこの関数が質量あるいは電荷を源とする「ポアソン方程式」を満たすと考えた。グリーンの『試論』の目的はこのポアソン方程式を厳密に解くことだった。グリーンはこの関数を「ポテンシャル関数」と名づけ、「グリーンの定理」、「グリーン関数」、「特異点」などの重要な考え方を発明したのである。現代の教科書はグリーンの天才がどのようなものだったかわからないような書き方になっている。現代ではポアソン方程式は次のようにして解く。まず源をデルタ関数で置きかえる。デルタ関数というのは点電荷を数学的に表したものだ。

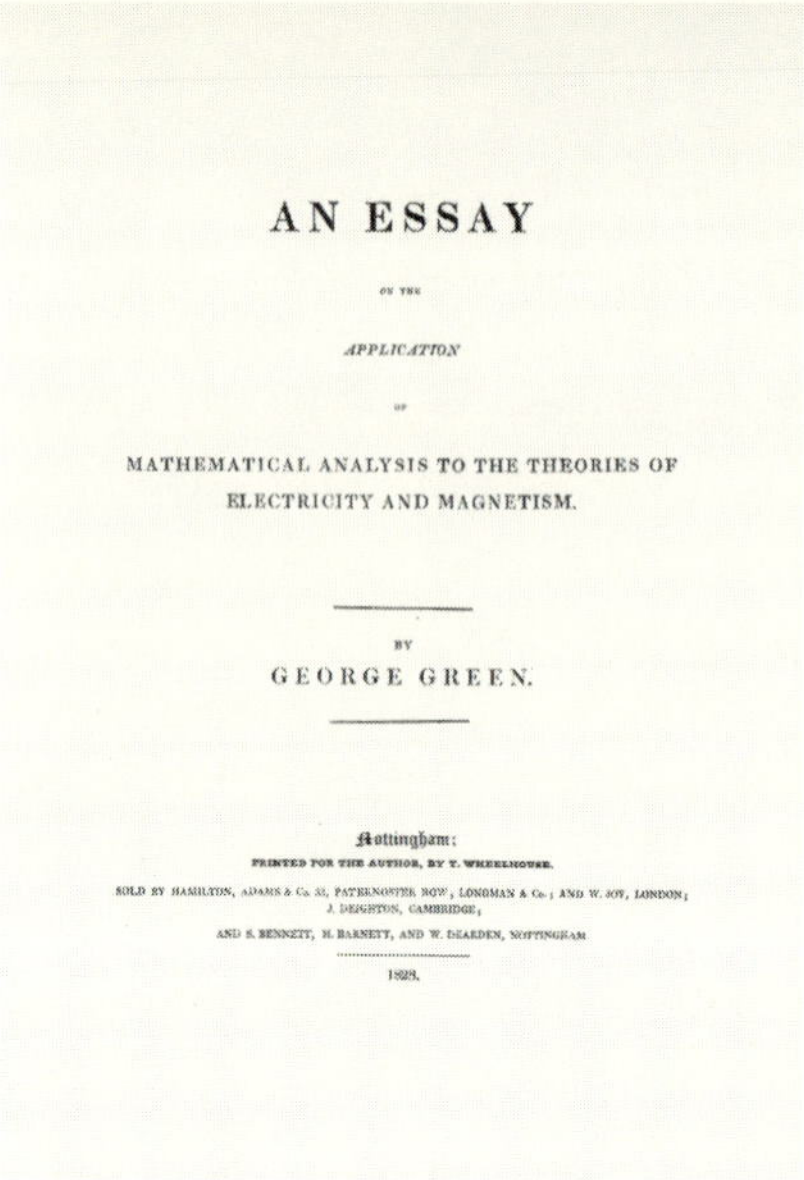
AN ESSAY

ON THE

APPLICATION

OF

MATHEMATICAL ANALYSIS TO THE THEORIES OF
ELECTRICITY AND MAGNETISM.

BY

GEORGE GREEN.

Nottingham:

PRINTED FOR THE AUTHOR, BY T. WHEELHOUSE.

SOLD BY HAMILTON, ADAMS & Co. 33, PATERNOSTER ROW; LONGMAN & Co.; AND W. JOY, LONDON;
J. DEIGHTON, CAMBRIDGE;
AND S. BENNETT, H. BARNETT, AND W. DEARDEN, NOTTINGHAM.

1828.

『電気磁気理論に対する数学解析の応用に関する試論』

点電荷を源に持つポテンシャルを「グリーン関数」と呼ぶ。任意の電荷分布のポテンシャルはグリーン関数を重ね合わせればよい。もちろんグリーンはデルタ関数を使わない。ポテンシャルは電荷を距離で割り算した量である。グリーンは距離が0になる場所を「特異値」と名づけ、その周りに小半径の球を考えた。グリーン関数にラプラース演算子を作用させると、球外で0、球内で発散するが、それを球内で積分すると球面上の積分に変換できる。積分結果は有限の値になり、デルタ関数を使ったのと同じである。デルタ関数というのはグリーンが行った操作をシンボルとして表したに過ぎない。この証明でグリーンは今日の「ガウスの定理」を使っている。ガウスより前に、である。

　グリーンの周囲の人たちも、グリーン自身でさえも、『試論』の重要性に気づかなかった。今日『試論』が知られているのはウィリアム・トムソン、後のケルヴィン卿に負っている。ロバート・マーフィーが一八三三年に発表した論文の脚注に「第三章の電気的作用は……ノティンガムのグリーン氏がその独創的な『試論』の中でポテンシャル関数と名づけた量である」と書いてあるのを見つけたトムソンは『試論』に興味を持ったが、それを入手できたのは卒業の年一八四五年になってからである。トムソンはパリに出発する前日に『試論』を入手し、パリでリウヴィルとシュトルムに『試論』を見せて感動をともにした。ケンブリッジに帰ってきたトムソンは『試論』に紹介文を付けて一八五〇、五二、五四年にドイツの『クレレ』誌に英語で発表した。トムソンやマクスウェルを通してグリーンのポテンシャル理論は電磁気学の理論へと発展していった。トムソンは、電場がスカラー関数で書けるように、磁場がベクトル関数で書けることに気づいた。そのベクトル関数はマクスウェルによってベクトルポテンシャルになっていく。グリーンは現代のゲージ理論の最初の一石を投じたとも言える。

グリーン発見のきっかけとなったマーフィーについて触れておきたい。一八〇六年にアイルランドの貧しい靴職人の家に生まれたマーフィーは一八二九年にケンブリッジを卒業した。ケンブリッジの卒業試験をトライポスという。数学トライポスの上位合格者はラングラーと呼ばれ順位が付けられる。マーフィーは第三ラングラーで、ただちにフェロウに選ばれたが、度重なる借金と不摂生によって健康を害し、一八四三年に亡くなった。三十七歳だった。マーフィーはグリーンの最初の論文の査読者になったために『試論』を読んだ。マーフィーが自分の論文で『試論』に触れたのはこのためである。ぼくはときどき東京大学総合図書館の書庫を徘徊しているが、あるときマーフィーが一八三三年に出版した『電気、熱、分子作用理論の基礎原理』を見つけた。マーフィーはこの教科書で初めて今日よく使われているラプラース演算子の記号$\varDelta$を使った（グリーンは記号$\delta$を使った）。また、今日では「ガウスの法則」と呼ばれている微分方程式（マクスウェル方程式の一つ）がガウスよりもずっと前にこの教科書に書かれていることも見つけた。

キャネルの書いた伝記の第二版には量子電気力学を建設したシュウィンガーとダイソンが一九九三年のグリーン生誕二百年に行った記念講演が記録されている。ダイソンはその中でトーマス・クーンの『科学革命の構造』を批判している。クーンによると科学知識といえどもその時代の科学的風土を支配する「概念」、「パラダイム」に依存しており、そのようなパラダイムは科学革命が新しい権威をつくり出すまでは無批判に受け入れられている、と言う。だが一般の人にインパクトを与えるようなものではなくても科学の発展には同じように重要な革命がはるかに頻繁に起こっており、それは「道具」によってもたらされる革命であるとダ

聖スティーヴン教会

イソンは言っている。グリーンはまさにそのような革命的道具を発見したのだ。

『試論』の献呈者の中に数学者の准男爵エドワード・ブロムヘッドがいた。ブロムヘッドはグリーンの数学的才能を認め、論文を学術誌に仲介することを申し出た。だが「そのような偉い人の申し出をずうずうしく真に受けて迷惑をかけるものではない」という忠告を受けて返事を書かなかった。二十か月後、一八三〇年一月にやっと手紙を書き、ブロムヘッドの申し出を受けて電気と流体力学に関する論文をそれぞれ二編と一編書き『ケンブリッジ哲学協会紀要』に発表した。ブロムヘッドは一八三三年六月にグリーンをケンブリッジに誘い数学者に会わせようとしたがグリーンは「私はまだ初心者に過ぎませんからケンブリッジに出かける権利があるとは思えません。私が科学者としてそれなりになるまで、そうなれるとしての話ですが、その喜びを延期したいと思います」と同行を断っている。だが、その年十月にはパン屋をやめて風車小屋を賃貸に出し、ケンブリッジのキーズカレッジ学生になった。四十歳になっていた。

「学生は定義によって怠け者で愚かである」と言ったのはプリーモ・レーヴィだがグリーンは定義に当てはまらなかった。一八三七年の卒業試験でグリーンは第四ラングラー、シルヴェスターは第二ラングラーだった。グリーンとシルヴェスターがその年の最優秀者だったが、グリーンは初等数学になじんでいなかったせいで首席になれなかったと言われている。一方、シルヴェスターはユダヤ人であるためにケンブリッジの

グリーン記念銘板

学位を得られなかった。グリーンは卒業後もケンブリッジに残り、流体力学、光の反射と屈折、音の反射と屈折それぞれに二編ずつ論文を書いて『紀要』に発表した。

グリーンは一八三五年に関数の関数（汎関数）の極値を求める変分法を用いてポテンシャルの満たす方程式を導いている。後にリーマンが「ディリクレー問題」と名づけたがグリーンが最初である。一八三七年には光を伝える物質エーテルの弾性体模型を考察したがこのときも変分法を用いた。作用としてきわめて一般的な形を仮定したから二つの弾性体の境界で横波から縦波が生成されてしまった。その困難がマッカラーの出発点になった。シュレーディンガー方程式を近似的に解く方法はヴェンツェル、クラマース、ブリュアンが一九二六年に独立に導いたのでWKB法と言うが、一九二四年にジェフリーズが古典波動の近似解法として導いていた。ところがグリーンは一八三八年に論文「狭く浅い運河の波の運動について」で同じ近似法を発見していた。一八三九年十月三十一日にグリーンはフェロウに選ばれた。グリーンはそのとき六人の子持ちながら正式な結婚ではなかったのでフェロウになる資格があった。だが翌年五月には病気のためノティンガムに帰った。

グリーンは一八四一年五月三十一日にジェインの家で亡くなった。四十七歳だった。グリーンの最後の家はスネントンロードの聖スティーヴン教会の向かい、現在は薬局になっている場所にあったが現存しない。その隣の古い建物はウィリアム・ブースの生家だ。ブ

グリーン墓所

ースの銅像を見ていると建物から人が出てきて中に入れて見学させてくれた。ブースは一八二九年にこの家で生まれ貧しい人たちを救うために一八七八年に「救世軍」を創立した。

グリーンは聖スティーヴン教会の両親の墓に埋葬された。墓地の中を探したがなかなか見つからないので教会の中にいた老婦人に案内してもらった。グリーンの墓は一八七七年に亡くなった妻（正式の結婚はできなかったがジェイン・グリーンになっている）の墓と並んでいた。墓石に書かれたカレッジの名 Caius をキーズと発音したら案内してくれた老婦人が「日本人のあんたがどうして正しい発音を知っているんだね。私はつい最近までカイアスとばかり思ってたよ」と感心され、教会の中でお茶までご馳走になった。この教会でブースが洗礼を受け、ロレンスの両親が結婚したのだ。壁には「粉ひき、数学者、物理学者ジョージ・グリーン生誕二百年を記念して」と書かれた銘板が取り付けてあった。

墓碑銘

# 愛と死との戯れ

カルノー
Lazare Carnot
Sadi Carnot

ブール＝ラ＝レーヌ旧獄舎

ロマン・ロランは一九二四年にフランス革命史に材を取った「革命劇連作」の一つとして『愛と死との戯れ』を書いた。ときは一七九四年三月末。凄惨な粛清が続くパリで、国民公会議員ジェローム・ド・クールヴォアジエの妻ソフィーのもとに、かつての恋人で逃亡中のジロンド党員クロード・ヴァレーが身を寄せてきた。ソフィーはヴァレーを匿うが、ダントンの処刑に賛成しなかったジェロームにも逮捕の手が伸びようとしている。妻の心情を察したジェロームは、友人ラザール・カルノーが夫婦のために用意してくれた旅券をソフィーに渡し、ヴァレーとともに国外へ脱出するよう説得する。だがジェロームが逮捕を覚悟していることを知ったソフィーは、自分の旅券を破り捨て、ジェロームとともに残ることを決意する。ジェロームとソフィーはヴァレーを送り出し、今にもやってくる死を静かに待つ、という歴史悲劇である。日本では一九二六年に築地小劇場で初演された。バロックならぬバラック建築の寒風が吹き込む劇場で、客の入りの悪い夜には観客は通路にある火鉢のまわりに集まってしま

モンジュ銅像

った、とソフィーを演じた山本安英が伝えている。

ロランの序文によるとジェロームは数学者コンドルセーをモデルとし、ソフィーは同名のコンドルセー夫人の面影を生かしているようだ。コンドルセーは人間能力の発展を信じ、科学の進歩に限りない信頼を寄せていた。逃亡中に『人間精神の進歩に関する歴史的展望の素描』を著し、「人間は、真理や徳や幸福の道を確実に進むという展望によって、理性の進歩と自由の擁護のために払った努力に値する代償を受け取るだろう」という言葉を『素描』の最後に残してブール＝ラ＝レーヌの獄中で自殺した。コンドルセーを「雪におおわれた噴火口」と評したダランベールの言葉を『愛と死との戯れ』の表題とすることもできたとロランは言っている。ヴァレーはジャン＝バティスト・ルヴェーをモデルにしているがカルノーは実名である。

革命の渦に巻き込まれてしまった二人の数学者の対話は興味深い。「人間が自由であるためにはまず、人間を奴隷にする者に対して人間を護らなければならない。現在を未来のために犠牲にしようじゃないか」と

モンジュ生家

現実主義を説くカルノーに対し、ジェロームは「真理や愛や、あらゆる人間らしい徳性や自尊心を未来のために犠牲にするということは、とりも直さず未来そのものを犠牲にし亡ぼすことだ。正義は罪に汚れた地面からは生えはしない」と理想主義を説く。カルノーは「なんという理屈っぽい分からず屋なんだ、君は」と非難しながらも「僕は数学者どもの頑固さを知っている」と言ってジェロームに旅券を渡すのである（片山敏彦訳『愛と死との戯れ』、岩波文庫）。

かつてのブルゴーニュ公国の首都ディジョンからリヨンの方向にぶどう畑が続く丘陵地帯コート＝ドール（黄金の丘）を列車で南下するとボーヌに出る。ボーヌは円形の市壁に囲まれた中世の面影を残す美しい町だ。駅から石畳の道をまっすぐ歩いて行くと市壁の中に入り、やがて市の中央のモンジュ広場に着く。鐘楼の下にある広場に数学者ガスパール・モンジュの銅像が立っている。ボーヌはモンジュの生まれた町だ。モンジュ広場からカルノー通りをたどってカルノー広場を過ぎるとオテル・デュー（施療院）に突き当たる。屋根の色瓦の模様が鮮やかだ。切り妻や尖塔や風見が美しい。フランドルの巨匠ファン・デル・ウェイデンの祭壇画『最後の審判』が名高い。施療院の前の広場から細いモンジュ通りに入るとモンジュの生家が現存する。

ボーヌでバスに乗った。どこまでも続くぶどう畑の中を南西に行くとノレーに出た。窓からカルノーの銅像が見えたのであわててバスを降りた。小さな村の中央はモンジュ広場で十六世紀の市場跡が残っている。

モンジュ広場

そこからモンジュ通りを抜けるとカルノー広場にカルノーの生家があった。その前にカルノーの銅像が立っている。

ラザール・カルノーは宮廷弁護士、公証人、裁判官クロード・カルノーの子として一七五三年五月十三日に生まれた。一七七一年にメジエールの王立技術学校に入学した。モンジュが数学・物理学教授だった。カルノーはカフェよりも図書室にいることを好んだので同級生から変人扱いされた。二年後に卒業して王立工兵隊将校に任命され、カレー、シェルブール、ベテュヌ、アラスで勤務しながら数学・物理学の研究を続け、一七八三年にディジョンで『一般機械試論』を出版した。この論文には現代に生きる重要な概念が述べられている。その中で「活力」(現代の運動エネルギー)の保存を基礎的な概念としてそこから物理学の諸定理が導かれると考えた。力と距離の積が機械の効率を評価する物理量であるとし、「活性モーメント」と名づけたが、現代では「仕事」(一八二九年にコリオリースが名づけた)と呼んでいる量である。

ラザール・カルノー銅像

一七八九年の革命勃発時にはベテュヌの獄中にいた。ディジョンで婚約した娘の父親が別の男との結婚を決めたことに怒って、結婚式当日に怒鳴り込み、結婚を壊してしまった。士官としてあるまじき行為であるとして逮捕された。激情に駆られて判断ミスをしたのはこのとき限りだったようだ。一七九一年にパ・ド・カレー県の名士の娘ソフィー・デュポンと結婚し、同県から立法議会議員に選出された。コンドルセーと親しくなったのはこの頃である。一七九二年には平原派の国民公会議員となり後に山岳派に移る。一七九三年八月十四日には十二名からなる公安委員の一人としてロベスピエール、サン＝ジュストらと並ぶ革命の指導者になった。軍事顧問に専心し一日十六時間執務するという精勤で近代的国民軍を組織し「勝利の組織者」と呼ばれた。十月十五、十六日のワティニーの戦いでは派遣議員としてジュルダン将軍とともに実戦の指揮を取りオーストリア軍を撃破して形勢逆転のきっかけをつくった。

『愛と死との戯れ』は、内外の反革命勢力を撃退し、

ラザール・カルノー生家

当面の危機が遠ざかったにもかかわらず、恐怖政治が限りなく加速され始めたこの時期に設定されている。カルノーはロベスピエールから寛容派と見られ、軍事問題ではサン＝ジュストと衝突してロベスピエール派と対立するようになった。カルノーは二人に向かって「お前たちは滑稽な独裁者だ」と罵りつかみあいの大喧嘩になる。この間の事情はロランの「革命劇連作」のもう一つ『ロベスピエール』に描かれている。カルノーは一七九四年七月二十七日のテルミドールのクー

生家銘板

エコール・ポリテクニーク

デターを支持して公安委員に留任した。カルノーの逮捕を議決しようとした国民公会は「カルノーは勝利を組織したぞ」という声で議決を取りやめた。モンジュとともに、数学・物理学の知識を必要とする職業を学ぶことを目的に、公共事業中央学校を創立したのはその年十二月である（翌年エコール・ポリテクニークに改称）。元老院議員、総裁政府の総裁を歴任したが、一七九七年フリュクティドールのクーデターで一時亡命し、数学の論文『無限小計算の形而上学の考察』を出版している。微分係数 $f'(x)$ は微分 $df$ と $dx$ の商だが、無限微小量である微分 $df=f'(x)dx$ を意味のある実体的な量として捉えたのはカルノーが初めてである。ヘーゲルは『論理学』でカルノーの論文を引用し、「カルノーが無限微小量の方法について与えた説明は真髄を究めたもので、微分の導出において達成されたものをもっとも明瞭に言い表している」と言っている。

一七九九年、カルノーはブリュメールのクーデター後に帰国しナポレオンに乞われて陸軍大臣となる。一八〇二年にナポレオンが終身執政になることにただ一人反対し一八〇四年には帝政にも反対したが護民院議員として議会にとどまった。一八〇七年に護民院が解散すると政界を引退し学問に戻った。一八一四年には現役復帰しアントワープ総督として同市を死守した。エルバ島から帰還したその日にカルノーを訪れたナポレオンに乞われて共和派の立場から内務大臣を務めた。ナポレオンがワーテルローで敗退しパリに戻ったとき、カルノーは徹底抗戦を勧めたが、王政復古でフーシェ

ラザール・カルノー

によって追放された。内務省は学士院を革命前の科学アカデミーとして復活させ、学界の反対にもかかわらずカルノーとモンジュを除名し、王党派のコーシーとブレゲーを任命した。カルノーは次男のイポリートを連れてプロイセンのマクデブルクに亡命した。ヘーゲルがカルノーを訪れその人柄に感銘を受けたのは一八二二年九月十五日のことだ。カルノーは翌年八月二日にユリウス＝ブレーマー通りの家で亡くなった。その場所に行ってみたがあたり一帯は第二次大戦で完全に破壊されてしまった。カルノーは徹底して共和制とフランスを守護しようとした誠実の人だった。カルノーはプロイセン国王の命令で最初ヨハネ教会の地下墓地に埋葬されたが後に北墓地に移された。北墓地は現在は北公園になりその一角にカルノー記念碑が立っている。北公園はマクデブルク大学の北にあり、春ともなると一面に青いシラの花が咲く。

　コンドルセーの隠れがはプティ＝リュクサンブール宮殿のすぐ近くにある。セルヴァンドニ通りの家に取り付けられた銘板には「一七九三年と一七九四年に追放者コンドルセーはこの家に隠れがを見つけ、最後の著作『素描』を書いた」と記されている。カルノーの長男サディはプティ＝リュクサンブール宮殿で生まれた。一七九六年六月一日のことだ。サディはラザールが心酔していた中世ペルシャ詩人の名前である。進歩的な「カルノー法」で有名な次男のイポリートは一八〇一年に生まれた。サディは引退した父から数学、物理学、語学、音楽の教育を受けた。一八一二年エコー

コンドルセー銘板

ル・ポリテクニークに入学しポアソン、ゲー＝リュサック、アンペール、アラゴーらから学んだ。一八一四年にパリ郊外のヴァンセンヌで同級生とともに、侵略する連合軍に対する戦闘に加わって戦った。エコール・ポリテクニークを終えてメスの工兵学校に移り一八一六年に卒業後、工兵連隊将校になり各地の要塞を転々としたが任務の退屈さにあきあきした。一八一八年にパリの参謀部への昇格試験に合格するとさっさと無期限の賜暇を取り研究に専念するようになった。

一八二一年に父を亡命先のマクデブルクに訪ねて数週間を過ごした。このとき父との会話でひらめくところがあったのかもしれない。パリに帰ってから蒸気機関の問題に取り組み一八二四年六月十二日に論文『火の動力とその動力を発生させるのに適した機関についての考察』を刊行した。一八二七年には軍に戻り一年足らずの間リヨンとオークソンヌで勤務したが退役しパリに戻って再び熱の理論に集中した。サディは極端に内向的で一人で研究し人と議論することはほとんどなかった。父の共和主義を受け継ぎ七月革命を歓迎したがすぐに幻滅し政治への誘いにも応じなかった。一八三二年八月二十四日にコレラに感染しその日のうちに亡くなった。三十六歳だった。当時の習慣により遺品は著作物を含めてほとんどすべて焼却された。

『考察』はサディが出版した唯一の論文で、熱力学を誕生させた独創的、革命的な論文である。「動力」というのは父ラザールの「活性モーメント」であり現代の「仕事」である。その論文でサディは二つの問題を提起した。「熱の動力に限界はあるか」という問題と「熱の動力は作業物質に依存するか」という問題である。このような実用上の問題に対してサディの採った研究方法は従来とは根本的に異なりきわめて理論的、定量的だった。抽象的な一般性を追求するサディの論文のスタイルはラザールから受け継いだ。サディは「永久機関は不可能である」、「熱は不生不滅の流体(熱素)で、物体に吸収されたり放射したりする量は物体の始状態と終状態にのみ依存する」、「仕事は温度差がある場合にいつも生み出される」という三つの仮定を前提とした。サディはその当時主流だった熱素説を採用しているがその結論は熱素説に依存しない。

サディの仕事は父ラザールからの影響を除いては考えられない。力学的機械における可逆過程の考え方と、作業物質がもとの状態に戻るまでのサイクルで仕事を計算する必要性はラザールに由来する(ラザールは「幾何学的運動」と呼んだ)。サディは今日の教科書で「カルノー機関」として知られる理想的な熱機関を考えた。それはシリンダー、ピストン、理想気体、二つの温度の異なる熱源からなる。「カルノーサイクル」は定温膨張、断熱膨張、定温圧縮、断熱圧縮によってもとの状態に戻るというものである。サイクルを終えるとカルノー機関は高温熱源から低温熱源に熱素を移動し仕事を生み出す。どの過程も逆運転できるからカルノー機関は可逆機関である。そしてサディは永久機関が不可能であることからカルノー機関の生み出す仕事が最大であることを背理法によって証明するのである。これが「カルノーの定理」である。サディは「熱

サディ・カルノー

の動力はそれを実現する作業物質に無関係である。その量は熱素の移動が行われた二つの物体の温度によってのみ決まる」と述べている。

一八三四年にクラペロンはサディの『考察』の内容を数学的に書き改めた。今日の熱力学の教科書で必ず書いてあるカルノーサイクルの図はクラペロンの論文で初めて現れた。だがサディの論文は長い間忘れられたままだった。『考察』を再発見したのはウィリアム・トムソン（ケルヴィン卿）である。トムソンはパリ留学中にサディの『考察』を探し回ったがどうしても見つけることができず、初めてそれを手にしたのは一八四八年になってからである。現代の「熱力学第二法則」はクラウジウスとトムソンによって確立したがその内容は煎じ詰めれば「カルノーの定理」に含まれている。そのクラウジウスもサディの論文はクラペロンとトムソンの論文を通じてしか知らなかった。『考察』の再版は一八七二年である。一八四八年から一八五〇年までトムソンは熱素説も含めてサディの理論をそのまま支持していた。だがこの頃マイヤー、ジュール、ヘルムホルツによって熱と仕事の等価性とエネルギー保存則（「熱力学第一法則」）が確立した。一八五〇年にクラウジウスは熱が不生不滅であるとしたサディの前提条件を修正して「カルノーの定理」は「熱力学第二法則」になった。また焼却をまぬがれ一八七八年に発表された遺稿の中でサディは熱素説に疑問を呈し、さらに「熱は動力そのものである」として熱の仕事当量を計算するなど「熱力学第一法則」をほとんど先取りもしていた。

革命百周年の一八八九年にラザールの遺骨はマクデ

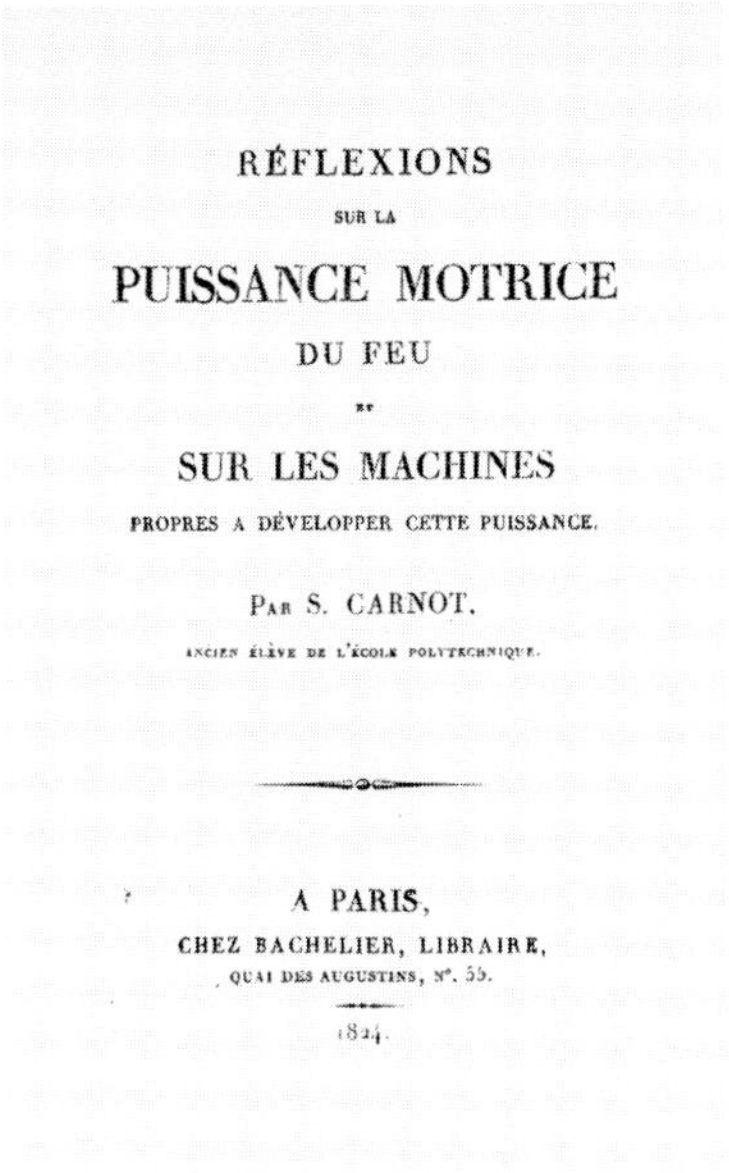
RÉFLEXIONS
SUR LA
PUISSANCE MOTRICE
DU FEU
ET
SUR LES MACHINES
PROPRES A DÉVELOPPER CETTE PUISSANCE.
PAR S. CARNOT,
ANCIEN ÉLÈVE DE L'ÉCOLE POLYTECHNIQUE.
A PARIS,
CHEZ BACHELIER, LIBRAIRE,
QUAI DES AUGUSTINS, Nº. 55.
1824.

『火の動力とその動力を発生させるのに適した機関についての考察』

ラザール・カルノーと孫サディ・カルノー墓所

ブルクの北墓地からパンテオンに移された。サディの弟イポリートの墓はペール＝ラシェーズ墓地にあるが、サディの墓はどこかわからない。イポリートの息子も伯父と同じ名サディと名づけられた。技術者の教育を受けたが一八七一年にコート＝ドール、一八七六年にボーヌから代議士に選ばれ、閣僚を歴任した。一八八七年には大統領に選ばれたが、一八九四年六月二十四日午後九時、リヨンの商工会議所前で、イタリア人の自称無政府主義者によって刺され、三時間後の二十五日深夜に亡くなった。祖父ラザールと同じパンテオンの納骨室に葬られた。暗殺現場に近いレピュブリク広場にあった記念碑は取り壊された。ノレーにあったサディの銅像はナチが破壊した。革命二百周年の一九八九年にモンジュとコンドルセーの遺骨がパンテオンに移された。モンジュは一八一八年に不遇のうちに没し、ペール＝ラシェーズ墓地に埋葬されていた。ラザール・カルノーとコンドルセーはパンテオンの地下墓地で何を語り合っているのだろう。

コンドルセーとモンジュ墓所

# メリンの神の土地

ノイマン
Franz Neumann

コーリン修道院

東西ベルリン分裂時代にベルリン東駅から乗車したことがあるが、売店が一か所あるきりのがらんとしたさびれた場所だった。そこで買ったくすんだ色の安い絵はがきに郷愁をおぼえたものだ。現在ではマクドナルドでもサブウェイでもなんでもある大都会の普通の駅になった。ベルリン東駅から普通列車で一時間ほど北東に向かうとコーリン駅に着く。駅舎もなく駅員もいない小駅だ。列車を降りてあわてた。迎えに来ているはずのホテルの車がいないではないか。電話をしようにも人気がまるでない。しばらくして列車に乗る人が来たので携帯電話を借りてホテルに連絡した。一時間前の列車を待っていたのに来ないから帰ってしまったと言っていた。どうせドイツ語の発音が悪かったのだ。

ホテルは湖畔にあるコーリン修道院廃墟の近くだ。シトー修道会が建てたコーリン修道院にはレンガ造りの美しい建物が残っている。フランツ・ノイマンはコーリンの北にあるメリンという小村で一七九八年九月十一日に生まれた。生家を訪ねるためにコーリンの次

ヴァレンシュタイン旧跡

の駅アンガーミュンデに出た。ポーランド国境に近い。ヴァレンシュタインが一六二八年に住んだ家はレストランになっていた。市の案内所でノイマンの生家のことを訊いた。タクシーを頼むしかないとのことで、案内所の女性職員が親切に電話でタクシーを呼んでくれたのはいいのだが、タクシーを待つ間、彼女から何度もヴァレンシュタインの発音練習をさせられるのには閉口した。日本人にWとBの区別は無理だ。

タクシーはどこまでも続く美しい緑の森の中を西へ向かう。このあたりは広大なショルフハイデ・コーリン生物圏保護地域になっている。人はまったく住んでいない。十五キロほどでグラムベック村に出たがさらにそこから三キロばかり西へ進むと森が開けた。二本の菩提樹の大木の下に「メリンの神の土地」と台座に書かれた十字架と「理論物理学の創始者フランツ・ノイマン」と刻まれた自然石が置かれていた。ノイマンの祖父母の小屋がここにあった。ノイマンの祖父は山番だった。ノイマンは「山番小屋は湖の近くのぶな林の中にあった。小屋には小さな庭があり、その戸口か

メリンの神の土地

ら直接街道に出た」と回想している。メリンの全住民は一八六一年に米国に移住したからノイマンが一八八一年に故郷を訪れたときメリン村は消滅していた。湖は干上がり草原になっていた。

ノイマンの母は、フリードリヒ大王に仕えた貴族出身で、離婚したフォン・メリン伯爵夫人、父エルンストはもと農民で彼女の管財人だったが、母の両親が父との結婚を許さなかった。祖父母の小屋で生まれたノイマンを祖父母が育てた。ノイマンが九月二十三日に洗礼を受けた教会が近くにあるはずである。タクシーの運転手はさっき通ったグラムベックに戻って小さな

ノイマン記念石碑

グラムベック村教会

カフェに入り教会の場所を訊いてくれた。カフェにいた紳士は教会役員で、案内してやる、と言うのでタクシーに同乗してもらった。一七〇八年に建てられた村の教会は山小屋にしか見えない質素な建物だ。紳士は鍵を開けて内部を案内してくれた。入口を入って階段を上ると屋根裏部屋にノイマンに関する展示がしてあった。日本からわざわざやって来たことに感激したのか紳士はたくさんの資料をくれた。

一八〇五年に祖父が亡くなったので祖母はメリンの南にある湖畔の町ヨアヒムスタールに住む自分の娘（ノイマンの叔母）の婚家に借りた一部屋にノイマンと住んだ。タクシーの運転手に頼んで帰りはヨアヒムスタールに寄ったが、ブルノルト通りの叔母の家は現存しなかった。ノイマンはその年からヨアヒムスタールの国民学校に通った。一八〇七年にベルリンのヴェルダーーギムナジウムに進学した。在学中の一八一五年にプロイセン陸軍に志願している。エルバ島を脱出したナポレオンがベルギーに攻め入ってリニーでプロイセン軍を敗退させたときノイマンは重傷を負った。そのため二日後のワーテルローの戦闘には加わることができなかった。ギムナジウムに戻ったノイマンは一八一七年にギムナジウム卒業資格を得てベルリン大学に進学し翌年イェナ大学に移り鉱物学や結晶学の勉強を始めた。一八二一年に父が亡くなったため一年間休学し母の農場を管理したが、母はノイマンを召使いのごとく扱った。その合間に最初の論文を書いた。母は才能と教養の持ち主で、数学の知識がありラテン語を流暢に話した。だが母はノイマンが父の仕事を継いで管財人になることしか望まなかった。ノイマンは科学への熱い思いを燃え立たせた。大学に戻ったノイマンは一八二五年に結晶学で学位を得た。翌年ヤコービととともにケーニヒスベルク大学の私講師に任命された。カントもケーニヒスベルクで私講師を十五年間務め教授になったのは四十六歳になってからである。ノイマンは教授資格試験なしでしかも有給という特別待遇で私講師になった。

東プロイセンの首都ケーニヒスベルクはドイツ騎士団の築いた城を中心として発展したハンザ同盟都市である。ブランデンブルクへの布教は主としてシトー修道会が行ったのに対し、プロイセンへの布教はドイツ修道会が剣をもって行った。第三回十字軍から生まれたドイツ騎士修道会はバルト海沿いに東方へ原住民の征服とドイツ人の移住・入植をすすめた。グダンスク中央駅から列車で南東に向かうと一時間足らずでマルボルクに着く。騎士団総長の居城だった巨大なマリーエンブルク城がある。リトアニア・ポーランド連合軍

フランツ・ノイマン

ドイツ騎士団マリーエンブルク

に敗北した騎士団は西プロイセンを失い、総長は一四五七年に居城をマリーエンブルクからケーニヒスベルクに移した。

ドイツ人はなぜ騎士団が征服した異教徒の原住プロイセン人（プルツェン人）の名を名乗ったのだろう。その理由はこうである。修道士は規則により子孫を残せない。ところが騎士団総長に選ばれたホーエンツォレルン家出身のアルブレヒトは新教に改宗して世俗化し一五二五年にはポーランド封臣としてのプロイセン公となった。その家系が断絶し、ホーエンツォレルン家の別系統のブランデンブルク選帝侯がプロイセン公国を相続して同君連合となった。ドイツ皇帝のもとで王位を得ることはできない。ザクセンがポーランド王に、ハノーファーが英国王になることによって王位を得たようにブランデンブルクも帝国領外のプロイセンの王位を得た。それは帝国領内でも暗黙のうちに王を意味した。ブランデンブルク選帝侯は一七〇一年にケーニヒスベルクで戴冠式を行い「プロイセンにおける王」になった。フリードリヒ大王の祖父である。こうして征服者が被征服民族の名を名乗る王国が生まれたのである。

騎士団を裏切ってプロイセン公になったアルブレヒトだが、一五四四年に大学の創設もしている。ケーニヒスベルク大学を「アルベルティーナ」と呼ぶのはそのためである。ケーニヒスベルクはカントの町である。カントは一生の間ほとんどケーニヒスベルクを出たことがなかった。エルランゲン大学やイェナ大学から招聘されても動かなかった。ハナ・アーレントは両親がケーニヒスベルク出身で少女時代をここで過ごした。ケーニヒスベルク生まれの数学・物理学者にヘッセ、キルヒホフ、リプシッツ、クレプシュ、ヒルベルト、ゾマーフェルトらがいる。「キルヒホフの法則」はキルヒホフ二十一歳の学生時代の業績である。ミンコフスキーはリトアニア生まれのユダヤ人だが、ロシアの迫害を逃れてやってきたケーニヒスベルクでヒルベルトの同級生となり生涯の親友になった。ヒルベルトはゲッティンゲンに移って四十年以上経った後でも「ぼくは全人生をケーニヒスベルクで過ごした」と言って

アルベルティーナと大聖堂

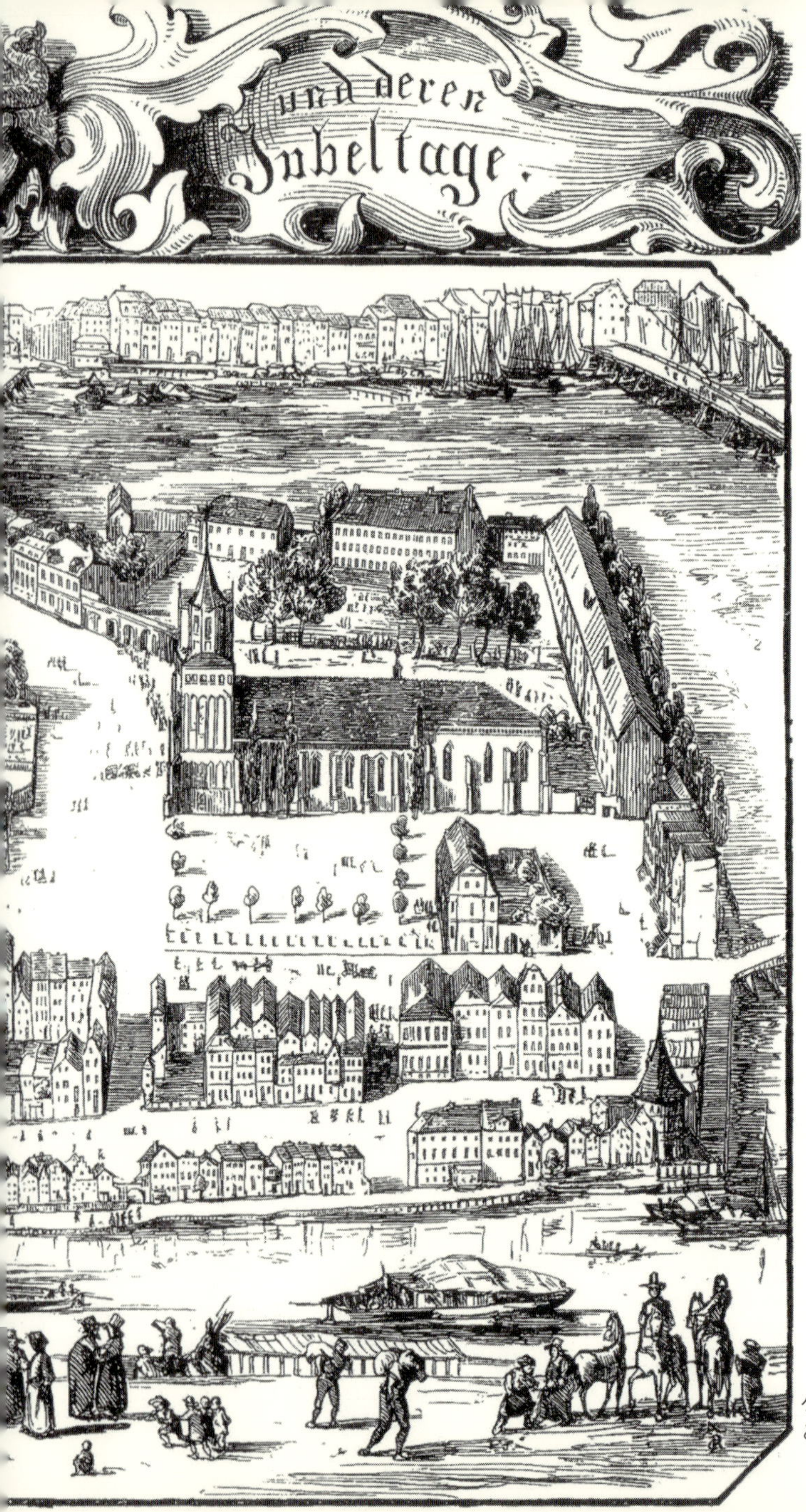


ケーニヒスベルク
と大学

Königsberg,
seine Universität

書斎のノイマン（娘ルイーゼ・ノイマン画）

いた。ヒルベルトがゲッティンゲンで数学の黄金時代をつくったように、ゾマーフェルトはミュンヘンで理論物理学の黄金時代をつくった。ハイゼンベルクはそのゾマーフェルトの高弟である。ゾマーフェルトは有名な電磁気学の教科書の冒頭で「私の生まれた町ケーニヒスベルクはフランツ・ノイマンのおかげでドイツ数理物理学の最初の源流になった」と述べている。ケーニヒスベルクはドイツの政治史を象徴する町だが、数学・物理学史でも重要な位置を占めていることはハイゼンベルクに至るドイツ理論物理学の流れから想像できるだろう。

　ノイマンは一八二八年に鉱物学と物理学講座の教授になり一八三〇年にカントの同僚で食卓仲間であった前任教授ハーゲンの娘と結婚した。一八三四年にノイマンはヤコービと共同で数学・物理学ゼミナールを始めた。それは学生に数学と物理学を併せて研究方法を教える最初の理論物理学ゼミナールとなる画期的なものでその後ほかの大学のモデルになった。ノイマンの学生は一週間に一回円卓を囲んで物理の数学的方法について議論する。白墨を持ったノイマンが黒板と机を行ったり来たりするのを眺めている。ノイマンが講義で使った数式を導いてみせる。その夜家に帰った学生は難しい宿題を解かなければならない。現代の大学で見られるこんな普通の光景はケーニヒスベルクで始まった。

ノイマンは一八三八年に妻と死別したが一八四三年に妻の従妹と再婚した。一八四七年に妻の両親から遺産を受け取り、それによって自宅の横に物理実験室を建てた。学生はゼミナールを終えるとノイマンの実験室で実験の実習をし、その結果の検討から数学的方法を再検討する、といったことを繰り返したのである。キルヒホフ、クヴィンケ、フォークトらはこのゼミナール出身でノイマンの教授法を外に伝えていった。重力質量と慣性質量の等価性を精密実験で検証したエトヴォシュもゼミナールに参加した。

ノイマンが数理物理学へ傾いたのは同僚のベッセルとヤコービの影響である。ベッセルは十四歳でギムナジウムを辞め貿易会社の徒弟になった。会社と取引のある外国への興味から夜になると地理や外国語を勉強しやがて航海術から天文学へと興味を広げていった。二十歳のときにオルバースに送ったハリー彗星に関する論文はただちにその価値が認められた。さらにオルバースの勧めで薄給の助手になったリリエンタール天文台での研究が認められ一八〇九年に二十六歳でケーニヒスベルクに新設された天文台所長と天文学教授に招聘された。ベッセルもハーゲンの娘と結婚した。

一方のカール・グスタフ・ヤコービは一八〇四年十二月十日にポツダムの裕福なユダヤ人銀行家の家に生まれた。十二歳でギムナジウム最高学年に達したが、ベルリン大学は十六歳以下の学生を入学させなかったので最高学年にとどまって入学を待ち続けた。ベルリン大学で学位を取りノイマンと同時に私講師としてケーニヒスベルクに赴任し一八三二年に教授になった。ヤコービもまたゼミナール形式で学生を教育しそのカリスマ性で学生を魅了した。ケーニヒスベルクの三人組、ベッセル、ヤコービ、ノイマンはドイツ数学再興の中核になった。ヤコービ関数行列式やハミルトン-ヤコービ方程式は現代物理学でなくてはならない概念である。偏微分記号$\partial$もヤコービが使っていたが普及するようになったのは一九世紀の終わり頃である。

ノイマンの研究分野は広い。比熱の理論、光の波動論などに優れた業績を残したが最大の業績は電磁気学においてである。ノイマンは一八四五年に論文「誘導電流の一般法則」、一八四七年に「誘導電流数学理論の一般原理について」を書いた。電流が流れる導線は別の導線にアンペール力を及ぼす。アンペール力のもとで導線を動かすとき起電力が生じる。ノイマンは導線の線要素の両端に生じる起電力がその線要素の速度とアンペール力の積に比例するという式を書いた。これを用いて、導線を動かすとき、それが掃く面を通過する磁束が起電力になるという、今日でも正しい式を導いた。さらにこの起電力に負符号を付けた。起電力

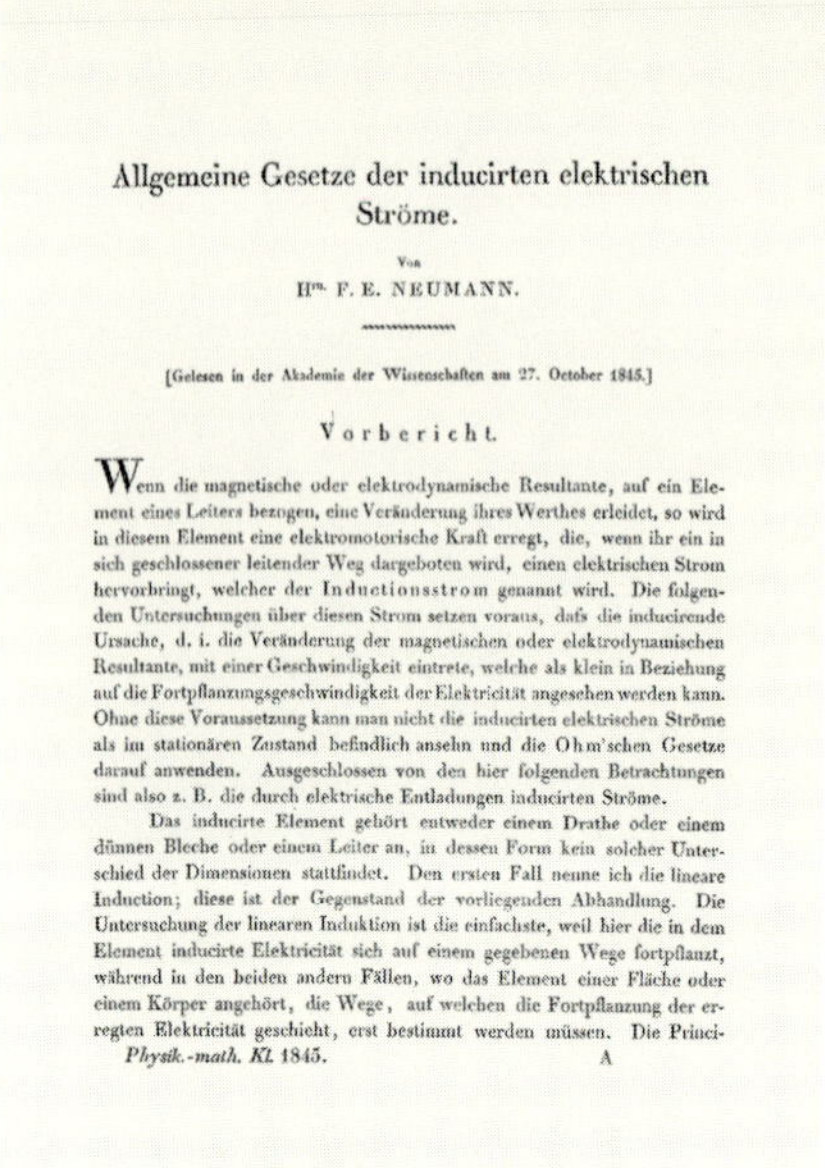

Allgemeine Gesetze der inducirten elektrischen Ströme.

Von
H^rn. F. E. NEUMANN.

[Gelesen in der Akademie der Wissenschaften am 27. October 1845.]

Vorbericht.

Wenn die magnetische oder elektrodynamische Resultante, auf ein Element eines Leiters bezogen, eine Veränderung ihres Werthes erleidet, so wird in diesem Element eine elektromotorische Kraft erregt, die, wenn ihr ein in sich geschlossener leitender Weg dargeboten wird, einen elektrischen Strom hervorbringt, welcher der Inductionsstrom genannt wird. Die folgenden Untersuchungen über diesen Strom setzen voraus, dafs die inducirende Ursache, d. i. die Veränderung der magnetischen oder elektrodynamischen Resultante, mit einer Geschwindigkeit eintrete, welche als klein in Beziehung auf die Fortpflanzungsgeschwindigkeit der Elektricität angesehen werden kann. Ohne diese Voraussetzung kann man nicht die inducirten elektrischen Ströme als im stationären Zustand befindlich anseln und die Ohm'schen Gesetze darauf anwenden. Ausgeschlossen von den hier folgenden Betrachtungen sind also z. B. die durch elektrische Entladungen inducirten Ströme.

Das inducirte Element gehört entweder einem Drathe oder einem dünnen Bleche oder einem Leiter an, in dessen Form kein solcher Unterschied der Dimensionen stattfindet. Den ersten Fall nenne ich die lineare Induction; diese ist der Gegenstand der vorliegenden Abhandlung. Die Untersuchung der linearen Induktion ist die einfachste, weil hier die in dem Element inducirte Elektricität sich auf einem gegebenen Wege fortpflanzt, während in den beiden andern Fällen, wo das Element einer Fläche oder einem Körper angehört, die Wege, auf welchen die Fortpflanzung der erregten Elektricität geschieht, erst bestimmt werden müssen. Die Princi-

*Physik.-math. Kl.* 1845. A

「誘導電流の一般法則」

は導線の運動を妨げる方向に生じるというレンツの法則のためである。ヤコービの兄モーリッツは一八三七年に赴任したサンクトペテルブルグでレンツの共同研究者だった。ノイマンの式は電磁気の四つの基本方程式、マクスウェル方程式の一つである（実際に最初にそのように表したのはヘヴィサイドである）。ファラデイの法則をノイマンの法則とも呼ぶのはノイマンが初めて数学的表現を与えたからである。また電流間の力をポテンシャルで表した。「電気力学ポテンシャル」である。このときノイマンは後のベクトルポテンシャルに相当する量を導入している。電流と磁束の比例係数を与える「ノイマンの公式」もここで現れた。ノイマンの論文の内容はきわめて現代的である。それだけに当時の人には難しかった。ベルリン大学のポゲンドルフにとってもノイマンの論文はまるで中国語のようで、ポゲンドルフは最初の一行も理解できなかった、とヤコービが伝えている。

　ノイマンは自分の発見の先取権を主張するよりも発見そのものを十分な報酬と考えていたようである。講

義には情熱を傾けたから研究の大部分は講義録に記録されているだけである。息子のカール・ノイマンも優れた数学・物理学者になった。直線電荷がつくるポテンシャルは対数ポテンシャルはカールの命名である。対数関数になる。カールによると父の講義録の中にクラウジウスに先駆けた熱力学の創始者としての先取権があるとのことだが、それはついに印刷されなかった。

ヤコービは一八四三年に重病になった。ディリクレーとフンボルトはヤコービがイタリアで静養することができるよう国王に請願した。病状はイタリアで回復したが厳しい気候のケーニヒスベルクには帰ることができないので、教授職ではないがベルリン大学で教える許可を国王から得た。一八四八年の革命ではヤコービは左翼に属したので政府はヤコービがベルリン大学教授になることを拒否した。給料を差し止められたため家族をゴータに住まわせ自分はベルリンのホテルで一人住まいだった。ヴィーン大学がヤコービを招聘したとき政府はあわててヤコービがベルリン大学で講義を続けることができるようにした。ヤコービは一八五一年二月十八日に天然痘で急死した。四十六歳だった。

ベルリンの地下鉄メーリングダム駅で降りると広い墓地がある。その中の三位一体墓地にはメンデルスゾーンの墓所がある。そこから奥まった場所にしばらく行くと鉄製の十字架を立てたヤコービの墓がある。金属製銘板には「数学者。ケーニヒスベルクにおける数学物理学ゼミナールの創始者」と書かれている。

ノイマンは一八七五年に退職し一八七七年に二番目の妻を亡くした。一八九五年五月二十三日に九十六歳

ヤコービ墓碑

ケーニヒスベルク城とカントの家（左）

で亡くなり、ベッセルと同じく、天文台がある小さな丘のふもとの墓地に埋葬された。そのときからちょうど五十年後、ヒルベルトがあれほど望郷の念にとらわれたケーニヒスベルクは消滅した。降伏を許さないドイツ軍と復讐に燃えるソヴィエト軍の戦闘はこの世の地獄であったろう。ドイツ騎士団が建てた城は米英軍の空爆で破壊されて廃墟となり一九六八年に取り壊された。跡地にはその後に建てられた建物の廃墟が残っている。大聖堂も大学もベッセルの天文台も廃墟となった。ケーニヒスベルクに生まれたロマン派詩人ホフマンの家もなくなった。フォン・クライストが『壊れ瓶』を書いた家もなくなった。ベッセルの墓もノイマンの墓も戦後取り壊された。プロイセンはドイツ領からなくなりケーニヒスベルクはロシアの飛び地になった。レニングラードはもとのサンクトペテルブルグに戻ったが、スターリンの同志の名を冠したカリーニングラードは今もそのままである。「アルベルティーナ」はカリーニングラード大学ホームページのアドレスとして残っている。

# 哲学者たり、理学者たり

## シラノとガサンディー

*Savinien Cyrano de Bergerac*
*Pierre Gassendi*

ベルジュラック旧市街

　ボルドーから列車で東に一時間半ほど行くとドルドーニュ河畔にある古都ベルジュラックに着く。ベルジュラックは宗教戦争の時代にはユグノーの牙城だった。ルイ十三世は和平と見せかけて城門を開かせ城壁を破壊してしまった。駅からドルドーニュに向かって坂道を下りて行くと古い町並みが残っている。古い木組みの家に囲まれたミルプ広場にはエドモン・ロスタンの戯曲によって大の人気者になったシラノ・ド・ベルジュラックの像が立っている。

　『シラノ・ド・ベルジュラック』は一八九七年十二月二十七日にパリのポルト・サン＝マルタン座で初演された。日本では額田六福が『白野弁十郎』に翻案脚色し、一九二六年に沢田正二郎が新国劇として邦楽座で初演、一九二九年には月形龍之介が白野弁十郎を演じた無声映画がつくられた。島田正吾は同年夭折した沢田正二郎を継いだ初演で「私のシラノの大きなつけ鼻が、あまり熱演し過ぎて汗をかいたために、ジワジワと離れて落ちかけ……ついに支え切れなくなった鼻はぽとんと落ち、とっさに私は血染めの手紙でその鼻

シラノ石像

を受けとめた」と回想している（『ふり蛙』、青蛙房）。島田正吾は二〇〇四年九十八歳で亡くなるまで一人芝居の『白野弁十郎』を演じた。一九九二年にパリでも公演を行ってフランス芸術文化勲章シュヴァリエ賞を贈られた。そのとき現れたジャン＝ポール・ベルモンドは「鼻が落ちなくてよかったですね」と言っている。一九八七年にはハリウッド映画『愛しのロクサーヌ』も公開されたがシラノは消防団長、ロクサーヌは天文学者になった。ハッピーエンドになるのが米国らしくてよい？　ロスタンの原作を読んだのは大学入学の年で、辰野隆・鈴木信太郎の名訳名解説になる岩波文庫もすっかり変色してしまったがいまだに愛読の一冊だ。

シラノは剣豪で、詩人で、哲学者だがただ一つの弱みは容貌に自信がないことだ。友人の飲んだくれ詩人シャルル・ダスーシーに「本尊よりも十五分も先に目的地に到着する」とからかわれるような鼻を持つシラノは従妹のロクサーヌを熱愛しているが醜い自分が受け入れられるはずがないと思って求愛できない。彼女が美男のクリスティアンを愛していることを知ると自分が書いた恋文をクリスティアンに与えてしまう。ロクサーヌの家のバルコニーの下でクリスティアンのかわりに愛を告白する場面が芝居の見せ場だ。シラノとクリスティアンはアラスの攻囲戦に出征した。シラノはせっせと恋文を書き敵陣をかいくぐって毎日それをロクサーヌに送り続ける。クリスティアンはロクサーヌが愛するのはシラノの書く恋文であると知りみずから望んで戦死する。十五年後、瀕死の重傷を負ったシラノが修道院にいるロクサーヌを訪ねたとき、シラノ

ポルト・サン＝マルタン座

がクリスティアン最後の血染めの手紙を諳んじていることに気づき、ロクサーヌは自分が愛していたのはシラノだったことを悟る。この芝居の山場で島田正吾は鼻を落としてしまった。

いつの世も無粋な人はいるもので実在のシラノとの違いが研究されてきた。芝居のシラノは『三銃士』のダルタニアンと同じフランス南部ガスコーニュ生まれになっているが実在のシラノは生粋のパリっ子である。白野弁十郎は会津藩士になっているが本当は江戸っ子なのだろう。岩波文庫の解説で「ロクサーヌの顎に髭があった」という説が紹介してありそれでずっと悩んでいる。そんな詮索はともかく、ロスタンのシラノが最後に自分の墓銘碑を詠む場面がある。

哲学者たり、理学者たり、
詩人、剣客、音楽家、
將た天界の旅行者たり、
打てば響く毒舌の名人、
さてはまた私の心なき――恋愛の殉教者!――
エルキュウル・サヴィニヤン・
ド・シラノ・ド・ベルジュラック此処に眠る、
彼は全なりき、而して亦空なりき。

理学者は physicien の訳で物理学者のことだ。シラノは物理学者でもあったのだ。手元にある『シラノ全集』の巻末に「物理学断片」が収録されている。シラノが夭折しなければ毒舌に充ちた物理教科書が読めたのに残念だ。一六七一年に『物理学概論』を刊行したデカルト主義者ジャック・ロオーはシラノの友人で論敵だった。

シラノは一六一九年三月六日にパリのど真ん中、デュスーブ通りで生まれ近くのサントゥスタシュ教会で洗礼を受けた。一六三九年にコレージュ・ド・ボヴェー卒業後、酒と賭事に明け暮れる自由奔放な無頼の生活を送っていたが、ロスタンの芝居にも登場する幼友達で生涯の親友アンリ・ル・ブレーの勧めで一緒にガスコーニュ青年隊に加わり剣豪として名声をはせた。また軍隊生活の暇に任せて読書に励み詩作を始めた。ロスタンの芝居でもシラノはアラスでポケットにデカルトをしのばせている。シラノはアラスで喉に重傷を受けて軍隊生活を諦めた。パリに戻ったシラノは小さな屋根裏部屋に住み、藁の布団に着の身着のままのマント一枚という窮乏生活を送った。友人の助っ人として百人を相手に大立ち回りを演じたりしているが、ガサンディーが友人フランソア・リュイリエの放蕩息子シャペルの家庭教師になったとき、そこに押しかけて皆を脅し強引に講義を受けた。同じ講義を受けたのがモリエールである。モリエールは『スカパンの悪だくみ』の中でシラノの書いた唯一の喜劇『だまされた衒学者』の一部をちゃっかり拝借している。『だまされた衒学者』では母校の校長グランジエが衒学者として登場し散々な目にあっている。シラノはコレージュでも自由のない教育を憎悪した。

シラノ・ド・ベルジュラック

　このような勉強と交友の中からあらゆる権威や常識、既成概念を軽蔑し否定する自由な精神が形成された。おそらく十七世紀でももっとも過激なリベルタン（自由思想家）になった。戦争を憎み、死刑に反対する博愛主義の剣客だった。ガサンディーからは原子論と地動

シラノ月に行く

説を学んだ。それらはシラノの二つの著作『月世界諸国諸帝国』と『太陽諸国諸帝国』によってうかがうことができる。この二冊も大学入学の年に有永弘人訳の岩波文庫で読んだ。『月世界』は一六五〇年頃、『太陽』はそれ以後に完成したようだ。第三部『星界』は失われた。シラノの没後一六五七年にル・ブレーは世をはばかって異端的な部分を削除した『月世界』を出版したのでその真価がわかったのは二十世紀になってからである。月世界では「大鼻こそは才智ある、騎士的な、いんぎんな、鷹揚な、物惜しみせぬ立派な人物の徴である」などと言っているからどうしても鼻が気になるようだ。シラノは月に行く方法を六種類あげているが「露のいっぱい入ったガラス瓶をたくさん体のまわりに結い付ける。太陽が光線を強く突き刺すとガラス瓶を引きつけて体を高く持ち上げる」というロマンティックな方法から現代のロケットのようなものまである。月世界では詩で食事代の支払いができるというのも餓死しかけている詩人シラノらしい発想だ。

天動説を攻撃するシラノの演説を聴いてみよう。「あの大きな発光体が、自分には何の役にも立たぬ一小点のまわりをまわると考えることは、あぶった雲雀を見て、これを料理するのに、いろりを雲雀のまわりに回転させたのだと思うことと同様にこっけいですからなあ。もしそうでなくて、太陽がこの骨折りをしなければならないというなら、船がある国の海岸づたいに航行するかわりに、国を船のまわりにまわさなければならぬことになりますな」とまあこんな調子で続くのである。シラノは自然が自分たちのためにのみつくられていると思っている人間の傲慢さに我慢ならなかった。月にも太陽にも住民がいるという寓話によって人間を宇宙の中心から外そうとしたのである。「私は遊星が太陽の周囲の世界であり、恒星はその周囲に遊星を持つ太陽であると信じます。われわれの地球にしても、ただ十二人ばかりの永遠の名誉を恵まれた奴等のためにわれわれが匐いまわっているからとて、彼等が万人に命令を下すために地球が建設されたのだなどと本気に考えられますか。」ブルーノが火刑になったのは一六〇〇年、ガリレイが異端審問で有罪となったのは一六三三年、デカルトが『宇宙論』の出版を取りやめ、ガリレイを擁護したカンパネラがパリに逃れてきたのは一六三四年である。それから間もないこの時期に言いたい放題のことを言うシラノは痛快だ。ガリレイの忠実な信奉者であった師のガサンディーがその間地動説に関する論文を書くことをひかえているというのに。シラノは動物にも理性や知性を認め、動物を魂のない機械と考えたデカルトをもからかっている。

　パリから蛇行するセーヌを下るとユトリロが描いた『サノアの風車』や『サノアの道』で知られる町サノアがある。パリ近郊線Cのサノア駅で降りて大通りをしばらく歩くと町役場の隣にユトリロとその母ヴァラドンの作品を展示するユトリロ・ヴァラドン美術館がある。その隣はシラノ・ド・ベルジュラック・センターという公共施設になっている。一六五四年シラノは頭上に落ちてきた材木で大怪我をし、サノアに住む従兄のピエール・ド・シラノの家に移って五日後の一六五五年七月二十八日に亡くなった。三十六歳だった。ブルゴーニュ座で公演されたシラノの戯曲『アグリピ

サノアの教会

ーヌの死』の中で神の存在を否定したことからイエズス会士によって暗殺されたのではないかという説もあるが真相はわからない。シラノが埋葬された教会はサノアの町はずれにあるが墓の場所はわからなかった。芝居のシラノとはいささか違うものの、シラノの心意気はやっぱりかっこよかった。

シラノの先生ガサンディーはプロヴァンス出身である。マルセーユからバスで三十分ほどでエクス＝ア

ピエール・ガサンディー

エクス大学

ガサンディー銅像

ン＝プロヴァンスに着く。曲がりくねった狭い道をたどるとサン＝ソヴール大聖堂の前にエクス大学がある。一四〇九年創立の古い大学だ。中に入ると詩人ミストラルのレリーフが壁に取り付けてあった。エクスからさらに二時間で山に囲まれたナポレオン街道沿いのディーニュに着く。エルバ島を脱出したナポレオンが通過したカンヌからグルノーブルまでの道路はナポレオン街道と名づけられている。目抜き通りはプラタナスの街路樹が植えられたガサンディー大通りだ。市庁舎前のド・ゴール将軍広場にはガサンディーの銅像が立っている。同じ通りにガサンディー博物館がありガサンディーの部屋がある。親切この上ない女性学芸員がすべての展示物の説明をしてくれた。

博物館でタクシーを呼んでもらってラヴェンダー街道沿いの山の中の小集落シャンテルシエに行ってみた。夏には薄紫色のラヴェンダーの花が一面に咲く。谷を見下ろす墓地でガサンという墓碑を見つけた。ガサンディーはガサンをイタリア風にした名だ。ピエール・ガサンは一五九二年一月二十二日にシャンテルシエの

シャンテルシエ

農家に生まれた。生家は現存しない。一六〇九年からエクス大学でアリストテレス哲学とカトリック神学を学び、一六一四年にアヴィニオン大学で神学の学位を取得、一六一六年にエクス大学哲学教授に就任した。だが、一六二二年にイエズス会が大学を支配下に置いたためディーニュに引き込んで研究と著述に専念した。一六二四年にパリを訪れてマラン・メルセンヌと知り合い、以後たびたびパリに滞在して学者や文人と交わった。一六二八年のパリ滞在中にリュイリエと知り合った。リュイリエ家の家庭教師をしたのは一六四一年八月からのパリ滞在中である。一六四五年には王立コレージュ数学教授を不承不承引き受けたが、病気のため一六四七年十月に辞任してエクスに戻り、最後に一六五三年五月九日から亡くなるまでパリのモンモール邸に滞在した。

ガサンディーの研究方法で重要なのは経験主義である。メルセンヌと共同で音速を測定し、音速が音の高低によらないことを見つけた。また気圧計を用いて真空の存在を証明している。ガサンディーは、ケプラーの『ルードルフ表』の予言通り、一六三一年十一月七日に水星が太陽を横ぎることを観測した。デカルトが数学的、演繹的であるのに対しガサンディーは物理的、帰納的である。

天動説が地球を宇宙の中心で不動とする根拠は、もし地球が高速で運動しているなら、矢を真上に射っても矢はもとの位置に戻らず、塔の上から石を自由落下させても塔の根元に落下しないではないかというものだった。ガリレイは一六三二年に書いた『天文対話』の中で次のような思考実験を述べている。船の帆柱の上から鉛玉を落下させると、船が静止しているか運動しているかによらず鉛玉は常に船上の同じ場所に落下する。船と大地を区別する理由はないから、石が塔の根元に落下することは地球が不動であることの根拠にはならない、と地動説を擁護したのである。こうしてガリレイは力学の法則が船や大地の速度とかかわりなく同じであることに気づいた。互いに一定速度で運動する異なる観測者でニュートン方程式が同じ形を取るという法則を現代では「ガリレイの相対性原理」と呼んでいる。アインシュタインがこの原理を普遍原理にするのはずっと後のことだ。船の帆柱からの落下実験を実際に実行したのがガサンディーである。ガサンディーは一六四〇年十月にマルセーユから出航した船の上で、船が最高速度で航行しているときに、帆柱の上から物体を落下させてその軌跡を観測し、船上から見た物体の軌跡が直線であることを確かめた。リュイリエへの手紙で「あたかも船が静止しているかのように物体が帆柱の根本にまっすぐに落下した」と書いている。

125

PETRI GASSENDI
SYNTAGMATIS
PHILOSOPHICI
PARS SECVNDA,
QVÆ EST
PHYSICA.

PROOEMIVM.

『哲学大系』

サン＝ニコラ＝デ＝シャン教会

現代の物理教科書でガサンディーにお目にかかることはほとんどない。ガリレイやニュートンの光り輝く名声の陰に隠れてその業績が知られることもあまりない。だが、現代物理学はガサンディーに多くを負っている。ニュートンは学生時代にガサンディーを読んで大きな影響を受けた。ニュートンはデカルトではなくガサンディーを受け継いだ。原子論に立ち、時間と空間を物質から切り離したのがガサンディーである。ニュートンの光の粒子説はガサンディーの原子論に基づいている。また力学の第一法則すなわち慣性の法則はガリレイよりもガサンディーに負っている。没後の一六五八年に出版された『哲学大系』の中でガサンディーは次のように述べている。「空虚の中に物体が置かれているとして、ある方向にそれを突いてみよう。物体は何の抵抗も受けないからそれは一様運動を始めるだろう。さらに最初の突きと同じだけの突きを与えてみよう。その突きは最初の速度と同じ速度を物体に加えるだろう。三番目の突きは三番目の速度を加えるだろう。いったん得られた運動は失われず、重力の一様

修道女たち

な引力は、各瞬間で速度を加えながら、一様な加速度を生み出すだろう。」速度を$v$、力を$F$、時間を$t$としてこの記述を数学的に表現すれば$dv \propto Fdt$になる。すなわち、速度の微分は力積に比例するという式になる。これは力学の第二法則すなわちニュートン方程式にほかならない。

ガサンディーは一六五五年十月二十四日にモンモール邸で亡くなり二日後サン＝ニコラ＝デ＝シャン教会に埋葬された。弟子のシラノが亡くなった三か月後だった。サン＝ニコラ＝デ＝シャン教会は『シラノ』が初演されたポルト・サン＝マルタンの前のサン＝マルタン通りにある。シラノが生まれたデュスーブ通りにも近い。この教会にあるモンモール家墓所にガサンディーの墓碑がある。革命時代に破壊されたが忠実に復元された。サン＝ニコラ＝デ＝シャン教会を何度目かに訪れたときのことだ。たくさんの修道女たちが入口にかたまって何ごとか真剣に話し合っている。ユーモラスな光景だ。しばらく待っていると修道女の一人が「なんだか知らないけど戸が閉まっているのよ」と教えてくれた。

# 黄金色の波がさざめき

ゲーリケ

Otto von Guericke

新町からドレースデン旧市街を望む

E・T・A・ホフマンのAはアマデウスだ。モーツァルトに傾倒するあまり名まで変えたホフマンは、ドレースデン滞在中に、ドレースデンを舞台にしたロマン主義の傑作『黄金の壺』を書いた。「彼の目のまえには、美しいエルベの流れの黄金色の波がさざめき、ざわめき、そのうしろにはすばらしいドレスデンの都が精悍に誇らしげにいくつもの塔をかすみのただよう大空にさしのべていた」（神品芳夫訳、岩波文庫）。

モーツァルトは一七八九年四月十日にプラハを発ち、十二日にドレースデンに到着した。翌日妻コンスタンツェに宛てて「みんな大喜び、でも、連中は大勢で、どれもこれも不美人ぞろいだが、でも、不器量なところを愛嬌で埋め合わせていた」（柴田治三郎編訳『モーツァルトの手紙』、岩波文庫）と手紙に書いている。十四日夕刻にザクセン選帝侯フリードリヒ・アウグスト三世と妃のために宮廷でピアノ協奏曲『戴冠式』を演奏した。人間にしか興味がないモーツァルトが「エルベのフィレンツェ」ドレースデンを美しいと感じたかどうかわからないが、ナチ政権下にも亡命せずドイツ国内にとどまって抵抗し続けたケストナーは「よくない醜いものを知るだけでなく、美しいものをもわたしは知っている、ということが、ほんとうだとすれば、それは、ドレースデンに生まれた幸運の賜物である……美山林官の子が森の空気を呼吸するように、わたしは美を呼吸することができた」と言っている（高橋健二訳『わたしが子どもだったころ』、岩波書店）。

最初にドレースデンを訪れたのはドイツ統一直前だった。東ドイツ国鉄ライヒスバーンの中央駅に降りたって、かつてヨーロッパでも屈指の繁華街だったプラハ通りをエルベに向かって歩いたが、どの建物も戦後に建てられた平凡なものだった。ドレースデンは、ドイツの敗戦が確定していた一九四五年二月十三日深夜から十四日未明にかけて、報復のために行われた空爆を受けて十万人以上が殺されて血の海になり、町は徹底的に破壊された。広島・長崎に匹敵するほど空爆の犠牲者が多かったのは、「美しい古都ドレースデンはまさか爆撃されないだろう」という噂を信じた市民や敗残兵が非武装都市ドレースデンにたくさん流入し、人口が平時の二倍にもなっていたからだ。

エルベにかかるアウグストゥス橋を渡ると新町だ。『黄金の壺』は新町の「黒門」から始まるが、それがどこかはわからない。中央通りが橋から北に伸びてアルベルト広場にたどりつく。その広場からさらに北に伸びる国王橋通りに「作家エーリヒ・ケストナーはこの家で生まれた」と書かれた銘板を取り付けたアパートがある。ケストナー一家はさらに同じ通りで二度引っ越しているがいずれのアパートも現存する。『わたしが子どもだったころ』にはアパートの近くでホフマンによって有名になった喫茶店での思い出が書かれている。ヨーロッパに暗雲がたれ込める時代に書かれた『エーミールと探偵たち』も『点子ちゃんとアントン』も『飛ぶ教室』もドレースデンの少年時代を反映した作品である。アルベルト広場から西にアントン通りが新町駅の方に続いている。戦後一九四六年九月にケストナーがドレースデンに帰ってくるとき待ちきれなくなった両親が出迎えに行った駅だ。両親は戦争中も国王橋通りにとどまり奇跡的に空爆を逃れた。アントン

マイセン

通りとアルベルト広場に面してケストナー記念館がある。裕福な伯父の大きな別荘だった。この家でケストナーの遊び相手だった従妹ドーラが点子ちゃんのモデルだ。アントンはもちろんアントン通りに由来する。

モーツァルトは四月十八日にドレースデンを発ち、マイセンを経てベルリンに向かった。ドレースデンの川下がマイセンだ。ザクセン選帝侯フリードリヒ・アウグスト一世（ポーランド王を兼任したアウグスト強王）のもとでツヴィンガー宮殿など豪華な建物が次々と建設されドレースデンがもっとも繁栄したときマイセンが「磁器の町」になった。ドレースデンの日本宮殿は、ケストナーの時代は図書館だったが、アウグスト強王がマイセンの磁器を展示するためにつくった。「マイセン、マイセンいばっとるばってん、どだい有田焼のまねですたい」と自慢したのは映画『男はつらいよ』に登場した佐賀の硬骨老人だ。マクデブルクまで下るとエルベの川幅は広く水量が圧倒的である。河畔に立つ大聖堂の横を通って川沿いに遊歩道になっている。亡命中のラザール・カルノーはこの道を散歩し

マクデブルクのエルベ川岸

た。息子のサディがマクデブルクにやってきたとき二人は散歩しながらどんな会話を交わしたのだろう。熱力学がこの川岸で生まれたかもしれないと思うと感慨深い。ラザール・カルノーは大聖堂から川沿いに少し行ったヨハネ教会の地下墓地に埋葬された。ドレースデンより一か月前の一九四五年一月十六日の空爆によってマクデブルクも灰燼に帰した。ヨハネ教会も廃墟になった。ドレースデンの聖母教会廃墟と同じく戦争の無意味さ、悲惨さを証言する記念碑である。

オットー・ゲーリケは一六〇二年十一月二十日にグロッセ・ミュンツ通りで生まれた。生家はカルノーが亡くなったユリウス＝ブレーマー通りの家の目と鼻の先にあったが、いずれの家も現存しない。一三一五年以来マクデブルクに定住した市参事会員の家柄で十三人の市長を出している。ゲーリケは一六一七年から一六二〇年までライプツィヒ大学で勉強し、三十年戦争の戦乱を避けてヘルムシュテット大学に移った。その年父を失った。一六二一年から二年間エルベの支流ザーレ河畔にあるイェナ大学で法律を専攻し、レイデン大学では物理学と数学の講義に魅せられた。英国とフランスで修行時代を終え、帰国後の一六二六年に市参事会員になり、市の建設を監督する役職に就いた。

マクデブルクが廃墟となったのは第二次大戦のときだけではない。三十年戦争の最中に旧教の皇帝フェルディナント二世軍が新教のマクデブルクを襲った。一六三一年五月十日にティリー率いる侵略軍がマクデブルクを略奪し焼き尽くした。シラーは『三十年戦史』(渡辺格司訳、岩波文庫)で次のように記している。

「ティリー伯といふ名がマクデブルクの吉凶を定めたのである。ほんの少しでも人間味のある将軍であつたならば無駄であつても斯る部隊に対して「寛大であれよ」と命令したであらう。ティリーは試みにさうすることさへしなかつた。将軍の不言不語のうちに全市民の生殺与奪の権を握つて、兵は思ひ思ひ――家々の内部へと雪崩れこんだ。阿鼻叫喚の殺戮が始まるや否や、すべての城門は押し開かれて、全騎兵隊及びクロアートの凶暴な一味が不幸の都へと殺到した。歴史は語らず、詩歌は歌はざる虐殺の場面がここに起つた。……罷むことを知らぬ凶暴のうちに此の残虐は続いたが、遂に煙と焔とが掠奪欲に止めを刺した。……十二時間も経たぬうちに此の人口多き堅固な大都市、独逸の最も美しき都の一は、教会二と小屋数軒を残して灰燼に帰した。……心あるものにとつては身の毛もよだつほど物凄まじき、腹立たしい光景であつた。死屍の下から這ひ出て来た生きながらへたもの、断腸の声を絞つて親を捜し求める子供、死せる母親の乳房にすがる乳児! 町を清めるためにエルベ河に投ぜられた死屍は六千を超え、劫火に焼かれたものは此の類ひではなく、殺戮にあひしもの三萬と称せらる。」

ゲーリケは家族とともに捕虜となり身代金を払ってブラウンシュヴァイクに逃れた。無一文になったゲーリケはスウェーデンの攻囲技師として雇われエルフルトで働いた。スウェーデンの保護のもとにマクデブルクを廃墟から復興させるためにマクデブルクに戻ってきた。一六三二年にゲーリケが描いたマクデブルク復興計画図が残っている。ゲーリケは市門、市壁、エルベにかかる橋、教会の再建を行った。

4 S. Sebastia. 5 S. Nicola. 6 Vns. liebe Frawen.
11 das Rathaus. 12 Barfusser. 13 S. Catharina.
Peter. 17 S. Iacob. 18 S. Augustin. 19 Hohepfort.
Paul. 23 Sudenburg. 24 Newstat. 25 Zollschantz.
BURGVM.
Die Elbe Flu:

マクデブルク侵略

1 S. Michael. 2 Der Dom zu
7 S. Anna. 8 zum h. Geist. 9
14 S. Maria Magdalena. 15
Rathaus. 21 S. Laurentz. 22
MA
ALBIS FLUVIUS

一六三五年にはザクセンがマクデブルクを占領した。ザクセン選帝侯ヨーハン・ゲオルク一世は一六三六年にゲーリケをマクデブルク要塞技師に任じた。一六四二年からはマクデブルクを代表してドレースデンの選帝侯に占領軍の不法を訴える使節になり何度もドレースデンに赴いた。その功績によって一六四六年には四人の市長の一人に選ばれ、二十年間その地位にあった。外交使節としてウェストファリア講和会議、ヴィーン、プラハに派遣され、ニュルンベルクおよびレーゲンスブルク帝国議会でマクデブルクの利益を代弁した。一六六六年一月十四日に皇帝レーオポルト一世によって貴族に列せられ、オットー・フォン・ゲーリケを名乗るようになった。名前の綴りをGuerickeに変えたのはこのときである。マクデブルク駅前のオットー＝フォン＝ゲーリケ通りに文化歴史博物館がある。そこで学芸員からゲーリケについていろいろと教えてもらった。姓にuを加えたのは、フランス人がジェーリクと発音するのを避けるためだったと説明してくれた。

一六三二年頃から激務の合間に物理実験をするようになった。真空が存在するかどうかという哲学論争はゲーリケの情熱に火をつけた。一六五〇年頃に発明した空気ポンプとそれを用いた「マクデブルクの半球」の実験を一六五四年五月に皇帝フェルディナント三世と諸侯の前で実演した。マクデブルク使節としてレーゲンスブルク帝国議会に派遣されていたからである。一六五七年にマクデブルクで、一六六三年にはベルリンでブランデンブルク選帝侯フリードリヒ・ヴィルヘルムを前にして実験を行っている。マクデブルク市庁舎前にはゲーリケの銅像が立っているが、台座のまわりのレリーフには、一六三一年に破壊される前のマクデブルクの町と、空気を抜いた二つの半球を十六頭の馬にひっぱらせる実験の様子が描かれている。

台座レリーフ



ゲーリケ銅像（右頁）

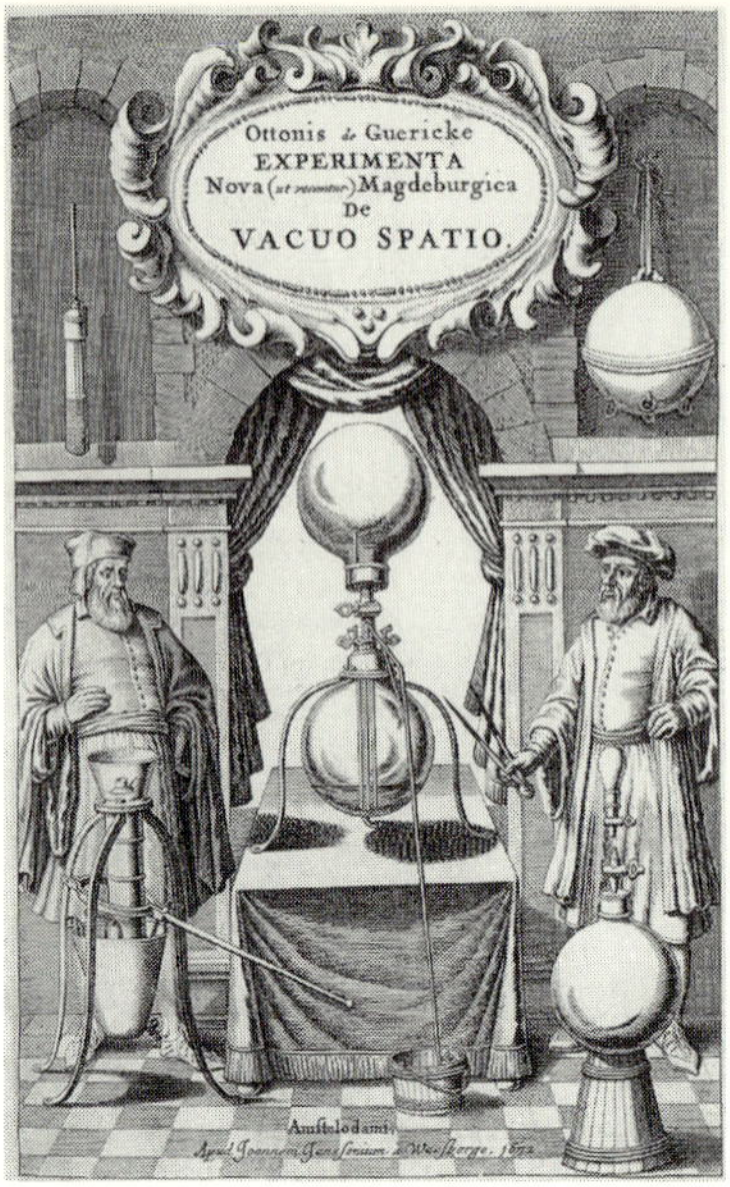


『真空に関する（いわゆる）マクデブルクの新実験』

ゲーリケは見せ物的な実験だけではなく緻密な実験を行った。ゲーリケの実験はヴュルツブルク大学の哲学・数学教授ガスパール・ショットが一六五七年と一六六四年に刊行した著書で詳しく紹介している。ショットは一六五七年に、著書『水と空気の力学』出版直前に付録「マクデブルクで、尊敬すべき同市市長オットー・ゲーリケ氏によって最初に考案された、真空の存在を証明するマクデブルクの新実験」を加えて印刷出版し、ゲーリケの実験を「マクデブルクの実験」と名づけた。ゲーリケ自身は自分の実験を公表するつもりはなかったが、その実験を攻撃する人が出てきたため、一六六三年三月二十四日に七巻から成る『真空に関する（いわゆる）マクデブルクの新実験』と題するラテン語原稿を書き上げた。その序文で「完全に信頼できる実験を否定する人に対しては言い争ったり武器を取る必要などない。こんな連中には自分の意見に固執させてもぐらのように暗いところで穴を掘らせておけばよい。科学は戦争につきすすむのではなく、真実の深い静寂さの中で勝利を祝い休息するものである」と述べている。さらに、ショットがゲーリケの実験のことを「私はこれ以上賞賛に値する実験を見たことも、聞いたことも、読んだことも、想像したこともなく、太陽だって太初以来見たことはないだろう」と述べた言葉を紹介している。学問の世界にいないゲーリケはこの言葉がよほど嬉しかったのだろう。だが、病気や仕事や出版社を見つける困難から、実際に原稿がアムステルダムで印刷されたのは一六七二年になってからである。

ゲーリケは実験が自然を探究する唯一の手段である

と考えた。ゲーリケはその著書の序文で「人間が宇宙の内奥の仕組みを理解したいのなら、王の権力といえども意味のないあぶく以上のなにものでもない」という過激な詩句を引用し、「自然の知識を得るためには弁論の術や、言葉の巧みさや、議論の能力は無価値である。いかにもありそうでもっともらしく見える理屈よりも、実験と視覚によって実証された理論を取るべきである。推論と議論によって真実らしく見える多くのことは実際は間違っている」と言っている。スコラ哲学との決別はドイツではゲーリケによって実現されたといえる。

　デカルトは真空の存在を否定した。デカルトにとって物体と「延長」（空間のことである）は同じであるから、物質の存在しない真空があるとすれば、真空は「延長」を持たない無である。形而上学的に「無は存在しない」から真空は存在し得ないと言うのである。一六四四年の『哲学原理』でデカルトは次のように言っている。「もしも神が容器に含まれている物体をすべて取り除いて、そしてその明けられた場所に、他の物体が入るのを許さないとしたら、どうなるかと問われるならば、容器の壁はこれによって、相互に接するであろうと答えるべきである。……なぜならば、すべて距たりとは延長の様態であり、従って延長的実体なくしてはあり得ないものだからである」と言っている（桂寿一訳、岩波文庫）。ゲーリケは「空間は延長性を持った物質であり、物体のない空間は架空のもので実在しないと考える学者たちは夢想家である」と暗にデ

オットー・フォン・ゲーリケ

硫黄球による電気実験

カルトを批判している。デカルトの理屈はゲーリケにとって何の意味もなかった。真空が存在するかどうかは実験して確かめれば済むことである。

ゲーリケによってはじめて空気は通常の物質であることが証明された。ゲーリケは火や動物が空気を消費し、空気が音を伝え、空気のない真空でも光が伝わることを確かめた。空気は地球の周囲にしかなく天体間は空虚であると考えた。アリストテレス以来「空虚は存在しない」という考え方は根づよかった。十九世紀になっても、光の波を伝える物質「エーテル」が全宇宙を満たしていると考えられていた。現代では、きわめて短時間のうちなら量子力学の不確定性原理によって許されるエネルギーを持った粒子と反粒子の生成が可能であるから、何もない真空も複雑な構造を持つことがわかっている。といってもスコラ哲学やデカルトが正しかったという意味では全然ないが。

「マクデブルクの球」は真空実験のための鉄製半球だけではない。ゲーリケは一六六三年に硫黄球を摩擦して回転させ帯電させる最初の器械を発明した。ゲーリケはこれを用いて電気に関する重要な結果を得ている。電気力の源は電荷で、重力における質量のようなものである。ところがゲーリケは、帯電した硫黄球に金箔を近づけると、金箔はいったん引き寄せられた後で必ず反発することを見つけた。現代の知識によって解釈すれば、硫黄球の持つ電気が金箔に移動し、同種類の電荷の間に重力とは逆に斥力が働くことを発見したのである。電気力と重力は似ているようで根本的に違うが、その最初の発見になっているのである。

エルベ河畔の遊歩道の北のはずれにルーカス館がある。一六三一年に皇帝軍はここを突破してマクデブルクに侵入し町を破壊した。ゲーリケは一六三二年にこの場所に要塞と橋と塔を再建した。一九〇〇年に美術協会の所有となり、画家の守護聖人ルカ（ドイツ語でルーカス）にちなんでルーカス館と呼ぶようになった。ルーカス館は一九九五年からオットー＝フォン＝ゲーリケ記念館になっている。文化歴史博物館で教えてもらったから「マクデブルクの半球」も「マクデブルクの硫黄球」もそこに置いてある、はずである。一九九六年にルーカス館にたどりついたとき閉館時間の五時きっかりだった。目の前で受付窓口にするするとおろされた「閉館」の掲示板を涙を呑んでカメラに収めた。

ゲーリケの個人的な経歴はほとんどわかっていない。一六二六年九月十八日にマルガレーテ・アレマンと結婚したが息子一人を残して一六四五年に死別した。一六五二年にドロテア・レントケと再婚したが再び死別し、息子とともにゲーリケの母の家で暮らした。引退していたゲーリケは、作曲家テレマンがマクデブルク

「閉館」

で生まれた一六八一年に、エルベ河口に近いハンブルクにある息子の家に移り住み、一六八六年五月十一日に亡くなった。遺体は船でエルベ河をさかのぼり、七月二日にマクデブルク中の教会の鐘が鳴り響く中で、ヨハネ教会の地下墓地に埋葬された。後にカルノーが埋葬された同じ墓地である。ゲーリケの墓はナポレオン戦争の間にわからなくなった。さらに第二次大戦の空爆でヨハネ教会は破壊された。マクデブルク市は一九九〇年に教会の再建を決めた。一九九二年に地下墓地を掘り返したとき、ゲーリケの最初の夫人の墓石が見つかった。「オットー・ゲーリケ参事会員の主婦マルガレーテ・アレマンは一六四五年四月二十六日に亡くなった」と刻まれていた。修復された地下墓地の床にはマルガレーテの墓石とあらたにつくられたゲーリケの墓石が並んでいる。壁にはゲーリケの胸像と記念碑が取り付けられている。記念碑にはゲーリケ自身の言葉で「自由と秩序と平和が最良の贈り物である」と記されている。

ルーカス館

# クラパムコモン

キャヴェンディシュ

Henry Cavendish

ダービー大聖堂諸聖人教会

ノティンガム州の州都ノティンガムから列車で二十分ぐらい西に行くとダービー州の州都ダービーに着く。ダービーはロールスロイスやロイアル・クラウン・ダービーで有名な工業都市だ。駅は旧市街からかなり離れた南側にある。ロイアル・クラウン・ダービーの磁器工場も南側にある。町の中心マーケット広場から細い通りアイアンゲイトに入ると急に静かになり、先に大聖堂諸聖人教会が見える。その中に鉄製の仕切りで囲まれた礼拝所があり、ひときわ立派な墓が目を引く。シュルーズベリー伯爵夫人が生前にみずからつくらせた墓である。

シュルーズベリー伯爵夫人エリザベスはその強烈な個性によって「ハードウィックのベス」として英国史上もっともよく知られた女性の一人である。ベスは一五二七年にダービー州の貧しい郷士ハードウィック家に生まれた。奉公にあがった家で看病した同年輩のロバート・バーロウと十三歳で結婚したがすぐ死別した。寡婦財産を受け取ったベスが再婚した相手は修道院を解散させ財産を没収する役目のウィリアム・キャヴェンディシュである。ベスはキャヴェンディシュが役得で得た土地をダービー州とノティンガム州の土地に交換し、借金までして購入もした。ベスはこうして得たチャッツワースに邸宅の建設を開始した。彼女の絢爛豪華な好みを現代に伝える「チャッツワース」は第二のヴェルサイユと呼ばれている。名門とはいえ、大蔵省の役人にすぎなかったキャヴェンディシュが幼い子供たちと借金を残して亡くなった後で、キャヴェンディシュ家を英国でも有数の大貴族にしたのはひとえにベスの野心である。三回目のセント・ルー卿との結婚、四回目のシュルーズベリー伯爵との結婚で子供は生まれなかったが、夫の財産が正当な相続人ではなく、キャヴェンディシュとの間に生まれた自分の子供が受け継ぐようにした。シュルーズベリー伯爵の死後、エリザベス女王を除く英国第一の金持ちになったベスは生家の横に新しい「ハードウィックホール」を建てた。抜け目ない商才と男勝りの決断力で、土地の売買、金貸し、農場経営、銅、石炭、材木の取引などで財を積んでいった。また自分の娘をスコットランド女王メアリー・ステュアートの従弟（かつ義弟）と結婚させ生まれた孫娘を英国王につける野望に燃えた。

一六〇八年にベスが亡くなったとき、九万七千エイカー、東京二十三区の約七割に相当する土地を所有していた。ベスが埋葬されたダービー諸聖人教会はキャヴェンディシュ家の墓所になった。ベスの墓の横には銅や真鍮製の墓碑がなにげなく並んでいるが、よく見ると史上名高い人ばかりでびっくりする。現代のエリザベス女王を含め、英国の王室とほとんどの貴族にべ

シュルーズベリー伯爵夫人墓所

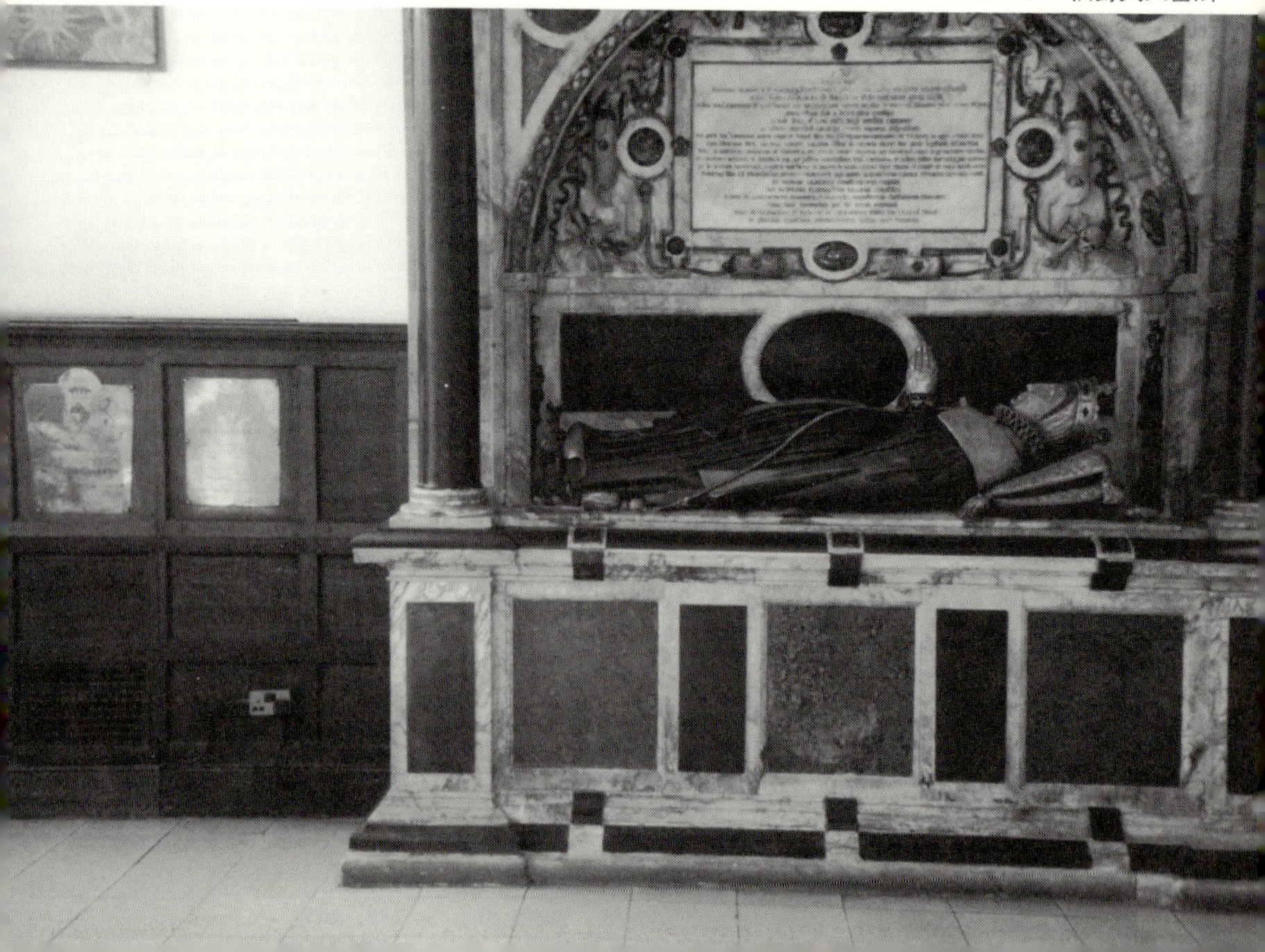

スの血が流れていると言われるくらいベスの後裔は繁栄した。

　ベスの末子チャールズがニューキャスル伯爵になり、長男ウィリアムが後を継いだ。次男チャールズは数学・物理学の研究者になった。ウィリアムは、内乱でパリに亡命中にマーガレット・ルーカスと結婚し窮乏生活を送ったが、王政復古でニューキャスル公爵になりノティンガム州にあるウェルベックの領地に引退した。キャヴェンディシュ兄弟から哲学と物理学を学んだマーガレットはウェルベックで本を多数執筆したが、評判は芳しくなく、「気違いマッジ」というあだ名がつけられた。彼女には原子論に基づいた物理の著作もあるが、女性を差別する男たちに抗議した最初のフェミニストとして近年再評価されている。ヴァージニア・ウルフは著書『私だけの部屋』（西川正身・安藤一郎訳、新潮文庫）の中で「せっかくの叡智もむやみやたらに、韻文と散文、詩と哲学の奔流となって迸り出て、誰一人として読んでくれない四ツ折版や二ツ折版の書物の中に、凝結しているのである。孤独と自由がもとで、彼女の叡智も異状を来たした。彼女を迎える者は、一人としてなかった」と書いたが『普通の読者』の中では「公爵夫人の哲学は不毛で、劇作は耐え難く、詩作は概ね退屈だが、巨大な彼女の全体には真正の炎の精神がみなぎっている」と言っている。

　ノティンガム城はこの初代ニューキャスル公爵が敷地を購入して建設を開始した。その息子、二代ニューキャスル公爵ヘンリー・キャヴェンディシュが一六七八年に城を完成させたが、一六九一年に亡くなり、男系が絶えたためにニューキャスル公爵の称号は姻戚関係の他家に移った。一八三一年に選挙法改正案に反対したニューキャスル公爵ヘンリー・ペラム＝クリントンに怒った民衆が城を廃墟にしてしまった。グリーンが私費出版した『電気磁気理論に対する数学解析の応用に関する試論』を献呈した公爵だ。

　ニューキャスル公爵家を婚姻によって相続したのはポートランド公爵家でキャヴェンディシュを名乗るようになった。五代ポートランド公爵ウィリアム・ジョン・キャヴェンディシュは隠遁生活を送り、ウェルベ

ベドフォード広場旧居

ック修道院の地下に延々と地下迷路を掘り続けたことで有名である。ミック・ジャクソンの小説『地下の男』はこの公爵をモデルにした悲哀に充ちた物語である。ベスから相続されてきたウェルベック修道院は、ロビンフッド一味が隠れ住んだノティンガム北方のシャーウッドの森の中にあるが、一般公開されていないとのことで、訪ねることはできなかった。

　キャヴェンディシュ家嫡流はベスの次男でデヴォンシャー伯爵になったウィリアムの系統である。『リヴァイアサン』を書いたトマス・ホブズはキャヴェンディシュ家と生涯にわたって親密な関係にあった。オクスフォード卒業と同時に後のデヴォンシャー伯爵に家庭教師として雇われ、二代、三代デヴォンシャー伯爵を教えた。またニューキャスル公爵とも親しくなった。ホブズはハードウィックホールで亡くなり近くの小村の教会に葬られた。オレンジ公ウィリアムを国王につけた功績によって四代伯爵がデヴォンシャー公爵となった。この公爵がチャッツワースを現在見られる邸宅に建て替えた。

　ベスと同じくらい有名で、また華麗な（ギャンブル、派手な宴会、借金漬け、醜聞まみれの）人生を送ったのが五代デヴォンシャー公爵夫人ジョージアナ・キャヴェンディシュである。マリー＝アントアネットと親しかったジョージアナはファッションの中心となり、彼女が流行させた巨大なかつらは馬車に乗るのも大変で、舞踏会ではシャンデリアの火が燃え移りそうだった。ジョージアナはダイアナ妃と同じスペンサー伯爵家の出身である。悲惨な晩年を送ったジョージアナもダービー大聖堂のベスの隣に眠っている。

ヘンリー・キャヴェンディシュは二代デヴォンシャー公爵の三男チャールズ卿の長男として一七三一年十月十日にニースで生まれた。ケント公爵家出身の母が病弱のためニースに滞在していたからである。母は弟を生むとすぐ亡くなってしまった。キャヴェンディシュはケンブリッジのピーターハウスカレッジで学んだが学位は取らなかった。父が亡くなる一七八三年までロンドンの父の家に同居していたが、その家は現存しない。一人になってからはベドフォード広場の角にある家で暮らした。大英博物館のすぐ横のベドフォード広場はそのまわりに創建以来の家が立ち並ぶ静かな住宅街である。キャヴェンディシュの家も残っている。

キャヴェンディシュのこれまでの伝記は一八五一年に出版されたウィルソンをもとにしていたが、最近ユングニッケルとマコーマックによる浩瀚な伝記が出版されキャヴェンディシュ像が一新した。従来はソーホー

ヘンリー・キャヴェンディシュ

旧居銘板

クラパムコモン

キャヴェンディシュロード

のディーン通り（カール・マルクスの住んだ家が残っている）にキャヴェンディシュの図書室があったとされていたが、そうではなく、このベドフォード広場の家に図書室があったようである。またテムズ川の南側にある広大な公園クラパムコモンに面した別邸を借りていた。その家は一九〇五年に取り壊され、通りの名キャヴェンディシュロードにしのばれるのみである。クラパムコモンのすぐ北にある通りザ・チェイスには漱石の下宿が残っている。クラパムコモンは漱石が自転車の練習をした場所だ。英語の発音は難しいから地下鉄クラパムコモン駅で中年婦人に発音を尋ねたら「クラプハム、クラパム」と教えてくれた。

　キャヴェンディシュはそんなに裕福だったわけではなく、父からもらう一定額で質素に暮らしていた。父の遺産によって大資産家になったが質素な生活は変わらなかった。自分のためには何もせず、外見を気にしないでいつも古びたよれよれの紫色の服を着ていた。慈善のために寄付をするときはいつも最高額になるようにしていたというから、吝嗇だったわけではない。キャヴェンディシュの図書室は研究者に公開されていた。自分で自分の本を借り出すときも几帳面に記帳していた。極端に内気で、人前に出るのは王立協会のクラブで食事をするときだけで、そのときもほとんど人と話をしなかった。キャヴェンディシュ唯一の肖像画は王立協会でそっとスケッチされたものである。

　人はキャヴェンディシュのことを変人、奇人のごとく言うが、そうだろうか。寛政時代に伴蒿蹊が書いた『近世畸人伝』の序文に「要するに皆一奇のためにおおはれ、人また本分の何人たるかを知らず」とある。そこに取り上げられた伝記を読むと奇人というのは凡人には理解できない優れた人という意味であることがわかる。キャヴェンディシュの人間嫌い、女性嫌いがよく取り上げられるが、クラパムコモンで暴れ牛に追いかけられた女性を勇敢に救ったという逸話もある。ジョージアナとは互いに訪問しあう友人同士だった。内気な、政治やファッションなどに興味のないキャヴェンディシュに話をさせるためにジョージアナが科学の話題を苦労して探している光景を想像するとほほえましい。

キャヴェンディシュが自然科学に興味を持つようになったのは並ではない実験家だった父チャールズ卿の影響である。最初は熱、電気、磁気の実験の手伝いをしていたが、後には自分自身の実験を行うようになった。キャヴェンディシュは電荷間に働く逆二乗力を最初に定量的に測定した。逆二乗則を最初に公表したのはクーロンで一七八五年のことだが測定誤差を評価していない。キャヴェンディシュは一七七一年の論文「弾性流体によって主要な電気現象を説明する試み」で電気力は距離の三乗以下のべきに反比例すると言っている。この論文で電位の概念を述べている。グリーンは電位の理論を展開した『試論』の冒頭で「王立協会のもっとも傑出した会員の一人によって提出されたにもかかわらず、ほとんど注目されなかったが、よく調べてみると、その人にふさわしいとわかる優れた論文に気づく機会に恵まれた」と述べてキャヴェンディシュに敬意を表している。

キャヴェンディシュは一七七二年に逆二乗則を確かめた。この重要な実験が行われたのはまだ父と同居していたときである。キャヴェンディシュは導体球殻内部に同心導体球を導線でつないだ。外側の球殻に電荷を与えても逆二乗則が成り立てば球殻内部では電荷に働く力はちょうど打ち消しあって0である。キャヴェンディシュは外球の電荷が内球にほとんど移動しないことを確かめ逆二乗則を検証したのである。もしキャヴェンディシュがこの結果を発表していたらクーロンの法則ではなくキャヴェンディシュの法則と呼んでい

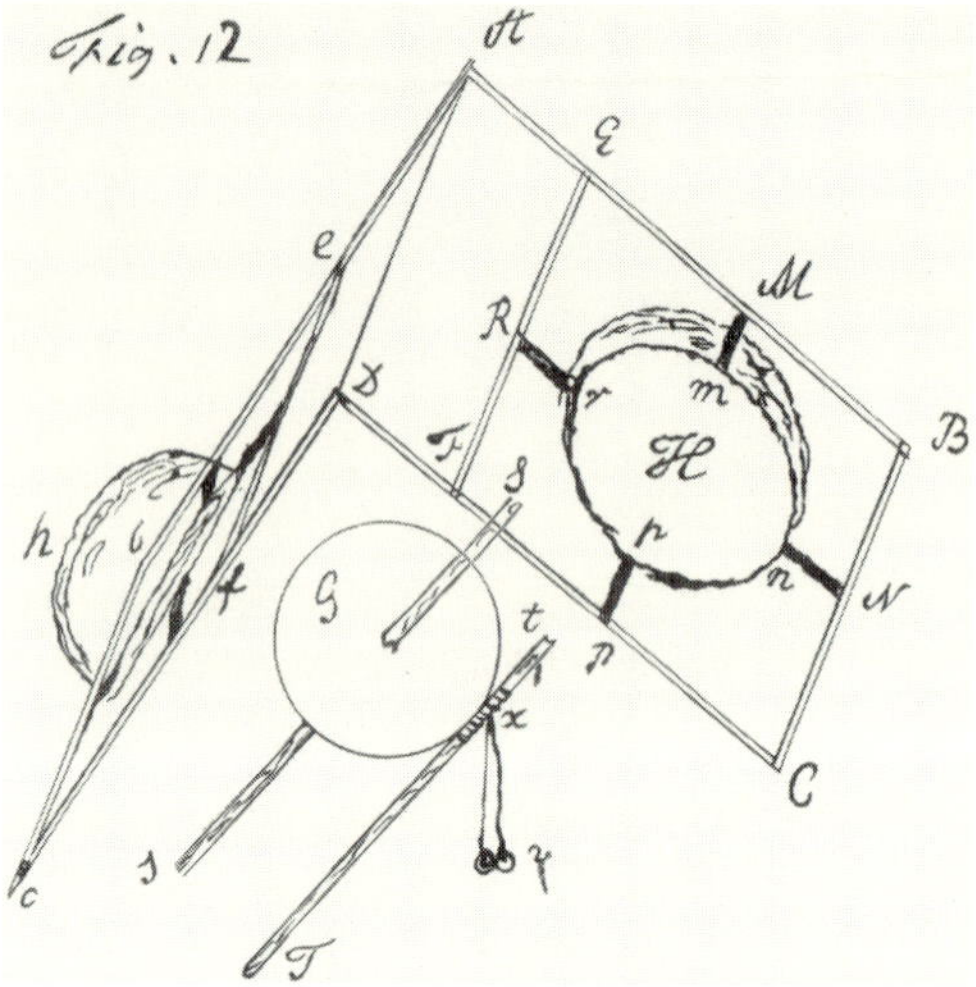

逆二乗則を検証する実験装置

ただろう。だがこの結果を記録した手稿は長い間埋もれたままだった。またキャヴェンディシュは一七七五年に導体の電気を伝える能力が物質によって大きく異なることを発見していた。自分自身や召使いリチャードを実験試料にしてオームの法則を検証していた。キャヴェンディシュの研究分野は幅広くまた時代に先駆けた重要な業績が多いがその大部分は公表されなかった。マクスウェルは「キャヴェンディシュは公表よりも研究を大事にした」と述べている。

十九世紀後半になっても英国の大学に実験物理学の講座はなく、ケンブリッジでも財政難で実現されなかった。スミス賞を受賞し、第二ラングラーという経歴を持つ数学者でもある七代デヴォンシャー公爵ウィリアム・キャヴェンディシュはケンブリッジ大学名誉総長に就任したが、大学に巨額の資金を寄付し、実験物理学の教授職を創設して一八七一年にマクスウェルを任命した。マクスウェル自身が設計したデヴォンシャー研究所は一八七四年に完成しキャヴェンディシュ研究所になった。デヴォンシャー公爵はその年にキャヴェンディシュの手稿をマクスウェルの手に委ねた。マクスウェルは全力でその手稿を研究し、みずからキャヴェンディシュと同じ実験を繰り返して一八七九年に出版した。手稿が書かれてから実に一世紀以上が経っていた。マクスウェルはその数週間後に亡くなった。余談だが手稿は今はチャッツワースに保管されている。七代公爵は五代公爵の甥の子で、五代公爵とジョージアナの孫娘と結婚して公爵家を継いだ。さらに余談だがコナン・ドイルのシャーロック・ホームズ物語の一つ「プライオリ学校」に登場するホウルダネス公爵は七代公爵の子、八代公爵スペンサー・コンプトン・キャヴェンディシュがモデルと言われている。

キャヴェンディシュは、重力についても、重力定数$G$測定の嚆矢となる重要な業績を残した。万有引力はきわめて弱い力なのでニュートンは$G$を測定することなど不可能であると悲観的だった。キャヴェンディシュは地球内部の組成に関する興味から友人のジョン・ミッチェルに地球の重さを測定する可能性について相談した。ミッチェルは二組の大小質量間に働く重力によって生じるトルクを測定するねじり秤を用いた実験を提案し、測定器の製作を始めた。だがミッチェルは一七九三年、測定を始める前に亡くなってしまった。キャヴェンディシュはクラパム邸に設置されたミッチェルの測定器の大部分をつくりかえた。キャヴェンディシュが実験を始めたのは一七九七年で六十七歳になろうとしていた。翌年には論文「地球の密度を決定する実験」を発表した。キャヴェンディシュが得た地球の平均密度はきわめて正確で、水の五・四八倍という値は現代の五・五二とほとんど変わらない。キャヴェンディシュの興味は「世界の重さを測る」ことだったから$G$の値自身を与えてはいないが、地球の平均密度から$G$を読みとるのは容易で、キャヴェンディシュが$G$を測定したと考えて差し支えない。現代の$G$の値はそれからあまり進歩していない。

マクスウェルが編集刊行したのは電気関係のノート

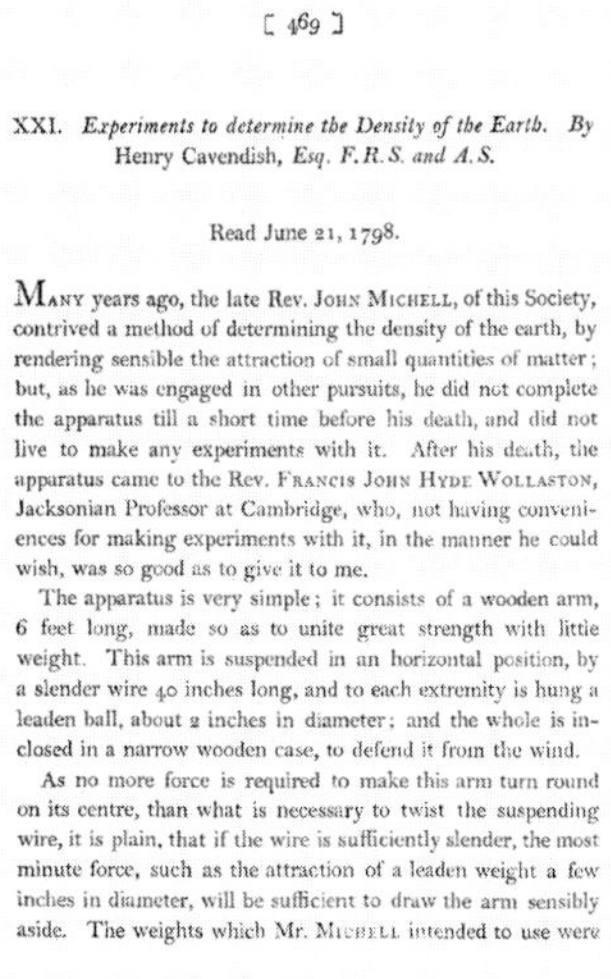

[ 469 ]

XXI. *Experiments to determine the Density of the Earth. By* Henry Cavendish, *Esq. F.R.S. and A.S.*

Read June 21, 1798.

MANY years ago, the late Rev. JOHN MICHELL, of this Society, contrived a method of determining the density of the earth, by rendering sensible the attraction of small quantities of matter; but, as he was engaged in other pursuits, he did not complete the apparatus till a short time before his death, and did not live to make any experiments with it. After his death, the apparatus came to the Rev. FRANCIS JOHN HYDE WOLLASTON, Jacksonian Professor at Cambridge, who, not having conveniences for making experiments with it, in the manner he could wish, was so good as to give it to me.

The apparatus is very simple; it consists of a wooden arm, 6 feet long, made so as to unite great strength with little weight. This arm is suspended in an horizontal position, by a slender wire 40 inches long, and to each extremity is hung a leaden ball, about 2 inches in diameter; and the whole is inclosed in a narrow wooden case, to defend it from the wind.

As no more force is required to make this arm turn round on its centre, than what is necessary to twist the suspending wire, it is plain, that if the wire is sufficiently slender, the most minute force, such as the attraction of a leaden weight a few inches in diameter, will be sufficient to draw the arm sensibly aside. The weights which Mr. MICHELL intended to use were

「地球の密度を決定する実験」

キャヴェンディシュ墓碑

だけだがその他のノートはソープが一九二一年に編集刊行した。その中で、一七八四年頃のノートに「任意の物体の近くを通過する光線の、物体の引力による屈折を見出すこと」と書いた後に、屈折角の計算結果が与えてあった。それは一七八三年にミッチェルが発表した論文に刺激を受けた研究だった（ミッチェルは質量による光の屈折だけでなく、十分重い物体では重力が光の放出を止める、と述べている）。アインシュタインは一般相対論を完成する以前の一九一一年に屈折角を計算していたが、キャヴェンディシュの結果に一致する。アインシュタインが一九一五年に完成した一般相対論によって計算した結果のちょうど半分である。キャヴェンディシュは、光を粒子として、ニュートン力学によって屈折角を計算していた（ゾルトナーも一八〇一年に同じ結果を得た）。キャヴェンディシュの計算と一般相対論の計算との二倍の違いは物体の近くの空間が物体の存在によって歪む効果だ。

　キャヴェンディシュは一八一〇年二月二十四日にクラパム邸で亡くなった。三月八日の朝早くキャヴェンディシュの遺体を乗せた馬車と五代デヴォンシャー公爵（公爵夫人ジョージアナは一八〇六年に亡くなっていた）たちを乗せた五台の馬車がクラパム邸を出発しダービーの諸聖人教会に向かった。キャヴェンディシュの墓はベスの墓のすぐ横にある小さな銘板が示している。教会を訪れたとき中に誰一人いなかった。「ヘンリー、最近物理で面白い話はあるの？」とキャヴェンディシュに語りかけるジョージアナの声が聞こえたような気がした。

# シュトルードルホーフ階段

シュレーディンガー

Erwin Schrödinger

シューベルト生家

シューベルトは当時ヴィーン郊外だったリヒテンタールで生まれた。現在のヴィーン九区ヌスドルファー通りに生家がある。斜め向かいのゾイレンガッセに入ると、シューベルトが一八〇一年から一八一六年まで住んだ家もあるが、現在は自動車修理工場になっている。歌曲『糸を紡ぐグレートヒェン』、『野ばら』、『魔王』が生まれた場所だ。シューベルトが洗礼を受け、また後に聖歌隊員になったリヒテンタール教会を訪れるには、ヌスドルファー通りから脇道に入って急な階段を下りる。ドナウ運河に平行して断層があり、上町と下町に別れているからだ。一八一四年に十七歳のシューベルトはミサ曲第一番をリヒテンタール教会のために作曲し、この教会で初演した。教会前の小公園にはシューベルトの胸像がある。

リヒテンタールという地名はリヒテンシュタイン侯爵が相続した土地に宮殿や公園や町をつくったことに由来する。リヒテンタール教会から南に歩いていくとリヒテンシュタイン公園に出るが、その右手にあるシューベルト泉水を過ぎてボルツマンガッセを登っていくと、シュトルードルホーフガッセと交わる角がヴィーン大学物理研究室だ。さらにその先のボルツマンガッセに面して一九一〇年につくられたラディウム研究所（現在の中間エネルギー物理研究所）がある。ハーゼンエールル、マイトナー、シュレーディンガーらの指導教官だったエクスナーが所長をしていた。シュレーディンガーはこのラディウム研究所で研究していたことがある。

物理研究室がテュルケンガッセにあったおんぼろの

ヴィーン大学物理研究室

建物からラディウム研究所の隣に新設された建物に引っ越してきたのは一九一四年、第一次大戦開戦の年である。三階にあるボルツマンの胸像の後の部屋にボルツマンがテュルケンガッセで使っていた黒板が保存されている。シュレーディンガーがダブリンから帰ってきてから使った研究室も残されている。また同じ建物にある数学研究室の入り口にはクルト・ゲーデルの銘板がある。

物理研究室からシュトルードルホーフガッセを歩い

旧ラディウム研究所

ていったら行き止まりになった。とまどっていると突然下から婦人が現れたので道を尋ねたら、隠れている階段を教えてくれた。なるほど断層がここまで続いているのだ。つづら折りの石段を下りて下から見上げるとユーゲントシュティールが美しい。緑に塗られた鉄製の手すりが木々の緑や蔦の緑に調和している。「シュトルードルホーフ階段」はラディウム研究所と同じく一九一〇年につくられた。ヴィーン造形美術学校はもとはこのあたりにあったシュトルードルの邸宅シュトルードルホーフに設立された。造形美術学校は、その美術館にボッシュの傑作『最後の審判』があるが、ヒトラーが受験して失敗した学校でもある。ヒトラーを不合格にさえしなかったら……という話はよく聞く。

ドーデラーは、一九五一年に小説『シュトルードルホーフ階段』を出版し、一躍有名になった。ドーデラーは第一次大戦で捕虜になりシベリアに抑留された経験を持つが、一九三三年にナチに入党し、第二次大戦で再び英軍の捕虜になった。ドーデラーの墓はグリツィング墓地にある。余談だがグリツィング墓地はヴィーン十九区にあり（物理研究室からでもシューベルトの生家からでも市電三十八番に乗って終点まで行けばよい）、ドーデラーの墓の近くにマーラーの墓がある。マーラーの墓とは筋違いに夫人アルマが眠っている。アルマはマーラー亡き後、画家のココーシュカと恋に落ち、バウハウスを創立した建築家グローピウスと再婚し、さらに詩人ヴェルフェルと三回目の結婚をした。アルマの墓の前に横たわる三角形の墓石はグローピウスとの間に生まれた娘マノンの墓だ。アルバン・ベル

アルマ・マーラー＝ヴェルフェル墓碑

パストゥールガッセ旧居

クは十八歳で夭折したマノンを悼んで、ヴァイオリン協奏曲『一人の天使の思い出に』を作曲した。

話がそれたが、シュトルードルホーフ階段を降りたところはパストゥールガッセという袋小路で、そこから表通りに出るとさきほどのリヒテンシュタイン宮殿があり現代美術館になっている。パストゥールガッセにあるアパートにはシュレーディンガーが一九五六年から一九六一年まで住んでいたことを記した銘板が取り付けてある。シュレーディンガーの最後の住居だ。

エルヴィン・シュレーディンガーは一八八七年八月十二日に三区ラント通りで生まれた。ボルツマンの生家があるラント通り中央通りを歩いていくと、モーツァルトが『ドン・ジョヴァンニ』、『アイネ・クライネ・ナハトムジーク』、『弦楽五重奏曲ト短調』を作曲した家があったあたりを通るが、その先で左に入ったアポステルガッセにあるアパートが生家である。エルトベルクの旧物理研究室にも近いが、その並びにシューベルトが一八一六年に父の家を飛び出て転がり込んだ家もある。シュレーディンガーが三歳のとき一家は



シュトルードルホーフ階段（右頁）

アポステルガッセ生家

グルックガッセに移った。母方の祖父所有の建物でシュレーディンガー一家は最上階を借りた。ヴィーンのど真ん中で王宮のすぐ近くにある。

シュレーディンガーは一八九八年から一九〇五年までアカデミッシェスギムナジウムに通学した。ベートーヴェン広場にある美しいギムナジウムの建物は一八六六年に建てられた。それ以前は大聖堂の近くのベッカーガッセにあった。シューベルトは寄宿学校コンヴィクトの生徒となり、一八〇八年から一八一三年までアカデミッシェスギムナジウムで勉強した。サリエーリから学んだのはこのときである。サリエーリは、モーツァルティアンの間では評判が悪いが、シューベルトにはよい先生だった。シューベルトは数学が大の苦手で結局コンヴィクトを退学することになる。

シュレーディンガーがヴィーン大学に進学したのはボルツマンが自殺した直後の一九〇六年秋である。翌年知り合ったティリングと親友になった。テュルケンガッセにあった物理研究室でエクスナーの実験物理の

グルックガッセ旧居

アカデミッシェスギムナジウム

講義を聴いたが、もっとも影響を受けたのは一九〇七年にボルツマンの後任として着任したハーゼンエールルである。ボルツマンの思想はハーゼンエールルを通してシュレーディンガーに伝わった。一九一〇年にエクスナーのもとで実験の論文「湿った空気中の絶縁体表面における電気伝導について」によって学位を取り翌年にエクスナーの助手になった。一九一二年に最初の理論の論文「磁気の運動理論について」を書いている。金属の反磁性を論じているが量子力学以前においては時期が早すぎた。一方でボーアは、一九一一年の学位論文で、古典論では磁化がない（ローレンツの女子学生ヨハナ・ファン・レーウェンは一九一九年の学位論文でもっとも一般的な証明を行った）ことを示し、量子論への足がかりにした。シュレーディンガーは一九一三年に論文「誘電体の運動学、融点、熱および圧電気に関する研究」を提出し、翌年教授資格を得た。

ところが第一次大戦が始まりシュレーディンガーはすぐに召集を受けた。一九一五年には『武器よさら

テュルケンガッセ物理研究室

チューリヒ大学旧物理研究室

ば』の舞台となった激戦地イソンゾ河畔のゴリーツィアに従軍した。恩師のハーゼンエールルが戦死したのはこの頃である。一九一六年にはトリエステ近くのプロセッコ要塞守備になり、一九一七年にヴィーンの士官学校で気象学を教える任務に就いた。プロセッコでアインシュタインの一般相対論を知り、一九一八年に一般相対論に関する二つの論文を発表している。シュレーディンガーの軍役は敗戦となったその年の終わりまで続いた。

歴代教授銘板

シュレーディンガーは一九二〇年にアニーと結婚し、その年から翌年にかけてイェナ、シュトゥットガルト、ブレスラウにおける短期間の職を転々とした後、チューリヒ大学の理論物理学教授に着任した。チューリヒ大学物理の建物は、現在は博物館として使われているが、アインシュタイン（一九〇九—一九一一）、デバイ（一九一一—一九一二）、ラウエ（一九一二—一九一四）と並んで、シュレーディンガーがここで一九二一年から一九二七年まで研究したことを示す銘板がある。チューリヒ大学と連邦工科大学ETHはチューリヒを見下ろす高台に並んでいるが、そこから大学通りの坂道をさらに上っていき、横道をまた少し上ったヒュテン通りの角に、「四人の番人」と書かれた家がある。シュレーディンガー旧居だ。一九二一年から一九二七年までの六年間はシュレーディンガーにとってもっとも実りある期間で、ヴァイルとデバイがETHに在職していたことも幸運だった。

一九二二年の論文「電子の量子軌道の注目すべき性質について」の中でシュレーディンガーは現代の量子力学における位相因子（電磁場中の波動関数に現れる因子）を一見奇妙な状況で導いている。それはヴァイルが一般相対論と電磁気を統一する目的で導入したスケイル因子を位相因子に解釈し直すというシュレーディンガーの驚くべき洞察力を示している。フリッツ・ロンドンは一九二六年十二月にシュレーディンガーに宛ててユーモラスな手紙を書いた。「今日はまじめな話があります。一九二二年に『量子軌道の注目すべき性質』を書いたシュレーディンガー氏なる人物をご存

ヒュテン通り「四人の番人」

エルヴィン・シュレーディンガー

じですか？　この人をご存じなのですか？　なんですって、彼を非常によくご存じなことも、彼がこの論文を書いたことも、彼がこの論文を書いたときあなたがその場におられてあなたもその論文の共犯者であることもお認めになるのですか？　そんなことはまったくもって聞いたことがありません。……あなたの掌中にある真理を、坊さんにも秘密にしていたことを、今すぐに告白し、知っていることを全部みんなに報告してしまいなさい！」ロンドンは翌年量子力学の位相因子を発見することになる。

一九二三年にド・ブロイはあらゆる物質粒子に波動を付随させる「物質波」の考えを提唱した。翌年ド・ブロイの学位論文をランジュヴァンから受け取ったアインシュタインはただちにその価値を認めた。一九二五年にアインシュタインの論文で引用されたド・ブロイの論文を知ったシュレーディンガーはそこに突破口を見つけた。デバイはド・ブロイの論文をコロキウムで紹介することをシュレーディンガーに求めた。コロキウムの最後にデバイは「波動を扱うためには波動方程式がなければならないとゾマーフェルトから習ったよ」とコメントした。数週間後シュレーディンガーはコロキウムで「同僚のデバイは波動方程式がなければならないと提案されました。そうです、ぼくはそれを見つけました」と話し始めた。

シュレーディンガーは一九二六年に四部からなる論文「固有値問題としての量子化」をたてつづけに『物

理学年報』に発表した。それは首尾一貫した完成した論文ではなく、様々な推論を用いて真実を発見しようとする苦闘を生々しく伝える記録文書であり、天才の技というしかない。第一部で定常状態のシュレーディンガー方程式が現れた。それまでの天下り的な量子仮説とは異なり、波動方程式の解としての固有振動に対してとびとびの量子数が自然に現れた。第二部ではヘルツの『力学原理』を用いて波動方程式の導出を試みているが正しいシュレーディンガー方程式にはなっていない。この間波動力学と行列力学の同等性を証明する論文を書いている。第三部では摂動論を展開してシュタルク効果（電子のエネルギー準位の電場による分離）の計算を行った。非定常のシュレーディンガー方程式を得たのは第四部で、波動関数が初めて複素量になった。またこの論文で電磁場中の相対論的波動方程式も与えている。現代ではクライン-ゴルドン方程式と呼んでいるが、クライン、シュレーディンガー、フォックは独立にほぼ同時期に、ゴルドンは少し遅れて論文を書いた。いわゆる「ミニマルな置きかえ」はこの相対論的波動方程式に現れた。

　シュレーディンガーは一九二七年にプランクの後任としてベルリンに移った。ロンドンも助手としてチューリヒからベルリンに移った。シュレーディンガーはアインシュタイン、プランク、マイトナーと親密になった。グルーネヴァルトのクーノ通りにあったシュレーディンガーの家も、そこから歩いて遠くないヴァンゲンハイム通りにあったプランクの家も、物理学者の集まる場所だったが、空爆で灰燼に帰した。

　一九三三年にヒトラーが政権を取ると、オクスフォ

3. *Quantisierung als Eigenwertproblem;*
*von E. Schrödinger.*

(Erste Mitteilung.)

§ 1. In dieser Mitteilung möchte ich zunächst an dem einfachsten Fall des (nichtrelativistischen und ungestörten) Wasserstoffatoms zeigen, daß die übliche Quantisierungsvorschrift sich durch eine andere Forderung ersetzen läßt, in der kein Wort von „ganzen Zahlen“ mehr vorkommt. Vielmehr ergibt sich die Ganzzahligkeit auf dieselbe natürliche Art, wie etwa die Ganzzahligkeit der *Knotenzahl* einer schwingenden Saite. Die neue Auffassung ist verallgemeinerungsfähig und rührt, wie ich glaube, sehr tief an das wahre Wesen der Quantenvorschriften.

Die übliche Form der letzteren knüpft an die Hamiltonsche partielle Differentialgleichung an:

$$H\left(q, \frac{\partial S}{\partial q}\right) = E. \tag{1}$$

Es wird von dieser Gleichung eine Lösung gesucht, welche sich darstellt als *Summe* von Funktionen je einer einzigen der unabhängigen Variablen $q$.

Wir führen nun für $S$ eine neue unbekannte $\psi$ ein derart, daß $\psi$ als ein *Produkt* von eingriffigen Funktionen der einzelnen Koordinaten erscheinen würde. D. h. wir setzen

$$S = K \lg \psi. \tag{2}$$

Die Konstante $K$ muß aus dimensionellen Gründen eingeführt werden, sie hat die Dimension einer *Wirkung*. Damit erhält man

$$H\left(q, \frac{K}{\psi}\frac{\partial \psi}{\partial q}\right) = E. \tag{1'}$$

Wir suchen nun *nicht* eine Lösung der Gleichung (1′), sondern wir stellen folgende Forderung. Gleichung (1′) läßt sich bei Vernachlässigung der Massenveränderlichkeit stets, bei Berücksichtigung derselben wenigstens dann, wenn es sich um das *Einelektronenproblem* handelt, auf die Gestalt bringen: quadratische

「固有値問題としての量子化」

グラーツ大学物理研究室玄関銘板

ード大学はロンドンの亡命を受け入れた。ロンドンのことを照会するためベルリンにやってきたオクスフォードのリンデマンはシュレーディンガーが「ロンドンが行かないならぼくが行くよ」というのを聞いて驚いた。元来非政治的人間のシュレーディンガーもナチを嫌悪してオクスフォードに亡命した。ディラックとともにノーベル賞受賞の知らせを受けたのはオクスフォード到着直後である。

シュレーディンガーは、ベルリン以来、量子力学の解釈問題に関わった。ボルンは一九二六年の論文で波動関数を確率振幅と考え、ハイゼンベルクは一九二七年に不確定性原理を発見したが、シュレーディンガーはアインシュタインとともにコペンハーゲン解釈を最後まで承認しなかった。一九三五年にアインシュタインがポドルスキー、ローゼンと共著で「物理的実在の量子力学的記述は完全と考えられるか?」を発表すると、シュレーディンガーはそれに呼応して「量子論と測定」を書いたが、その中でシュレーディンガーが使ったドイツ語を訳した「エンタングルメント(からみあい)」は、現代ではむしろ、量子力学の性質を表す用語として使われている。パラドクス「シュレーディンガーの猫」はこの論文に現れた。

一九三六年には望郷の念に耐えられず、グラーツ大学への招聘を受けてしまった。グラーツ大学物理の玄関にマッハ、ボルツマンらの名前と並んでシュレーディンガーが一九三六―一九三八年に在籍したことを示す銘板がある。一九三八年にヒトラーがオーストリアを併合するとグラーツ大学はアドルフ・ヒトラー大学に改称され、シュレーディンガーは罷免された。ベルリンから亡命したことを咎められた。シュレーディンガー夫妻は小型トランク一個だけを持ってグラーツを逃げ出した。ジュネーヴでアイルランド首相デ・ヴァレラに会い、ダブリンに創設予定の高等研究所への招聘を承諾した。

シュレーディンガーがダブリンに到着したのは一九三九年十月である。ダブリンのメリオン広場に面したジョージ王朝様式の建物の壁に「波動力学の創始者エルヴィン・シュレーディンガーは一九四〇―一九五六年にここで研究した」と書かれた銘板が取り付けてある。ダブリン高等研究所の最初の建物である。シュレーディンガーの家はダブリン北東クロンターフの海辺にあった。シュレーディンガーは自宅から研究所まで自転車で通勤した。一九五六年に二年間の特別教授としてヴィーン大学に戻った。やっとボルツマンとハーゼンエールルの跡を継いだことになる。パストゥールガッセにあるアパートからシュトルードルホーフ階段を登って物理研究室に行くのはちょっとつらかったか

ヴィーン大学本部回廊にある
シュレーディンガー胸像

アルプバッハ墓所

もしれない。階段を登ったシュトルードルホーフガッセにはティリングの家があった。

シュレーディンガーは、ティロル地方のアルプバッハで晩年を過ごしたが、一九六一年一月四日にヴィーンの病院でアニーにみとられて亡くなり、アルプバッハの教会墓地に埋葬された。簡素な埋葬式でティリングが弔辞を述べた。ミュンヘンから急行列車で国境の町クフシュタインを越えてしばらくするとWöhrlという駅に着く。日本人泣かせの地名で、なんとかなるのはh、つまり発音しない文字だけだ。アルプバッハまで三十キロほどの距離である。駅前でタクシーを雇った。曲がりくねった山道を登っていくと、絵に描いたような美しい村に出た。農家やホテルの窓辺に赤い花がいっぱい飾ってある。シュレーディンガーとアニーの墓は墓地の壁際にあった。黒い鉄製の墓碑には $i\hbar\dot{\psi}=H\psi$ が刻まれている（ヴィーン大学本部回廊にある胸像にも $i\hbar\dot{\psi}=H\psi$ が刻まれている）。シュレーディンガーの女性遍歴やアニーの恋愛にもかかわらず、二人は離婚しなかった。アルマ・マーラー＝ヴェルフェルやシュレーディンガー夫妻の生き方がヴィーン流なのだろう。帰りもタクシーを頼んだが駅名を発音するとき緊張した。「ヴェールルまでお願いします。」まあそんなものだ。

# 彼は星を近づけた

フラウンホーファー

*Joseph Fraunhofer*

シカネーダー・レハール城

ヴィーンの市電D線は南駅から北上し郊外のヌスドルフまでヴィーンを縦断している。市電を降りた場所から小川に沿って「ベートーヴェンの道」が始まる。小川のせせらぎを聞きながら緑あふれる小径を散歩するのは最高だ。散歩道の終点近くにある「ベートーヴェンの休息」でベートーヴェンの胸像を見ながらベンチで休めるようになっている。そこから南に下れば「ハイリゲンシュタットの遺書の家」やベートーヴェンが『田園』を完成した家もすぐ近くだ。「遺書の家」は中庭や裏庭にたたずむとほっとするような懐かしい田舎家である。ベートーヴェンが『英雄』を作曲した家はここから南下した通りに残っている。

ヌスドルフの白い駅舎は田舎にしては立派だ。ヌスドルフ駅はドナウ河畔にあり、ドナウ運河の始点に位置している。「麗しのシシー」バイエルン公女エリーザベトは一八五四年にオーストリア皇帝フランツ・ヨーゼフに嫁すためミュンヘンから馬車でシュトラウビングに出て蒸気船に乗りドナウ河を下った。パッサウで国境を越えリンツに着くと花嫁をおどろかすために皇帝がお忍びで迎えに来ていた。リンツで豪華な外輪船に乗った花嫁一行は、ヴィーン中の教会が鐘を鳴らす中、ヌスドルフで下船し馬車に乗り換えシェーンブルン宮に向かった。

ヌスドルフ駅前通りの裏の坂道を上っていくと「レハール城」がある。『メリー・ウィドウ』を作曲したフランツ・レハールは一九三二年から一九四八年に亡くなるまでこの家に住んだ。入口の上の左にレハール、右にシカネーダーのレリーフが取り付けてある。シカネーダーが一八〇二年に購入したこの大邸宅を人々は「シカネーダー城」と呼んだ。だが一八〇九年にナポレオン軍が駐屯し荒らし回ったので邸宅を手放さざるを得なかった。乞食のように困窮したシカネーダーは狂気の中で、妻エレオノーレに見とられ、一八一二年九月二十一日に亡くなった。旧ヴェーリング墓地にあったシカネーダーの墓は廃棄された（モーツァルトゆかりのファン・スヴィーテン男爵の墓も廃棄された）。

シカネーダーというと『魔笛』の台本を書き、モーツァルトに作曲を依頼し、みずからパパゲーノを演じた役者としてのみ記憶されているが、その活動は広範で役者、台本作家、作曲家、興行師として活躍した。シカネーダーの『賢者の石、あるいは魔法の島』というCDが一九九九年に発売された。「世界初録音。一九九六年にデイヴィド・J・バックによって再発見された一七九〇年のおとぎ話オペラ」とうたっている。オペラというよりは『魔笛』と同じジングシュピールに属する作品で、話の筋も『魔笛』そっくりである。以前から「猫の二重唱」などモーツァルトの作曲ではないかと指摘されていたが、バックがハンブルク図書館にあった写本を調べたときその一部に「モーツァルトによる」と書かれていることを発見した。写本は第二次大戦末期にソ連軍が持ち去ったが一九九一年に返還されていたものである。音楽学者の間ではモーツァルトが作曲した決定的な証拠になるわけではないとする意見もある。いずれにしても『賢者の石』はシカネーダー、モーツァルトを含む『魔笛』チーム五人が楽しみながら作曲したものだ。そしてその一年後には傑

シュトラウビング

レーヴェン薬局

作『魔笛』が生まれるのである。

シシーが乗船したドナウ河畔のシュトラウビングはレーゲンスブルクとパッサウの中間に位置する小さな町である。駅を降りて旧市街に向かって歩いていくと塔が目に入る。尖塔と四つの角やぐらの緑と壁の白が美しい。塔をくぐると全長六百メートルもある広場に出る。塔が広場をルートヴィヒ広場とテレーゼ広場に二分している。テレーゼ広場の奥にシカネーダーの父が奉公していた聖ヤーコプ教会が見える。ルートヴィヒ広場の方には「一四九二年に建設された」と壁に書かれたレーヴェン薬局がある。小さなライオンの像が飾りになっている。銘板に「有名な画家シュピッツヴェークは一八二九－一八三〇年にこの薬局で働き線画を描いた」と書いてある。ミュンヘン生まれのシュピッツヴェークはここで半年あまり助手を務めた。最初の就職先である。レーヴェン薬局からフラウンホーファー通りを下っていくとツォラーガッセに「役者で劇場支配人、ヴォルフガング・A・モーツァルトの歌劇

シカネーダー生家跡（左の白い家）

フラウンホーファー胸像と銘板

『魔笛』の台本作者ヨーハン・ヨーゼフ・シカネーダーは一七五一年九月一日にこの小路にあった家で生まれた」と書かれた銘板が取り付けてあった。

通りの名リンダーマルクト（牛市場）がフラウンホーファー通りに変わったのはシュピッツヴェークがやってくる二年前である。フラウンホーファー通りに入ってすぐ左がフラウンホーファーの生家で、壁に胸像と銘板が取り付けてある。ヨーゼフ・フラウンホーファーは一七八七年三月六日にガラス職人の十一番目の

フラウンホーファー通り生家

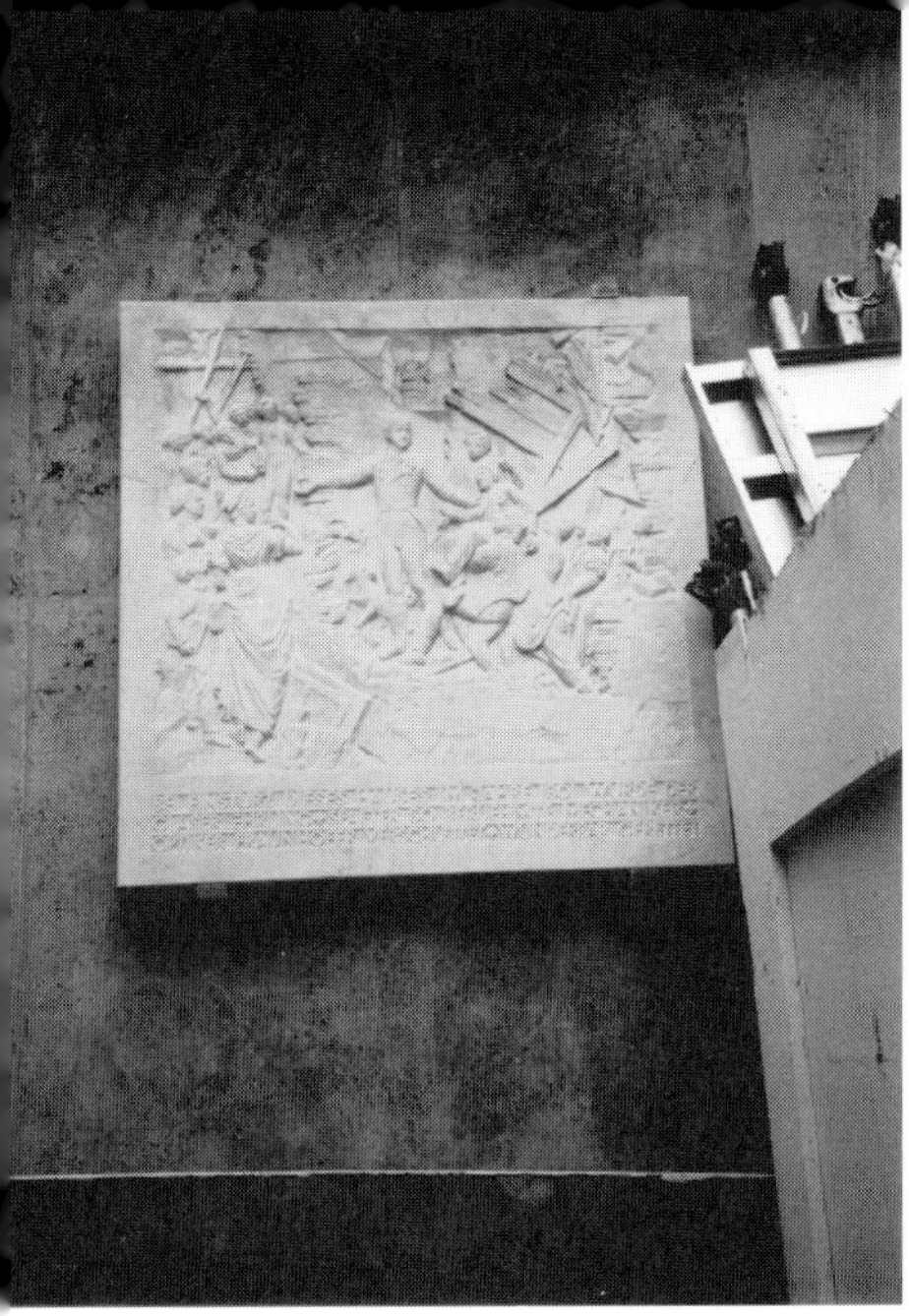

ティールエックガッセ銘板

末子として生まれた。家は貧しくはなかったが、義務教育がない当時としては学校には行かせてもらえず父の家業を手伝わなければならなかった。一七九七年に母、翌年父が亡くなった。十一歳で孤児となったフラウンホーファーは一七九九年にミュンヘンのガラス職人ヴァイクセルベルガーのもとへ住み込みで徒弟奉公に出た。親方は狭量で、仕事ばかりでなく家事も手伝わせた。フラウンホーファーは本を読めるようになりたかったが、親方は徒弟のための休日学校に通うことを禁じ、仕事場以外でいかなる勉強をすることも許さなかった。

ヴァイクセルベルガー親方の住居兼仕事場はミュンヘンのど真ん中にあった。ミュンヘンの中心はフラウエン（聖母）教会と新旧市庁舎だが、新市庁舎に向かって左のヴァイン通りを入ってすぐ左手にある路地ティールエックガッセに親方の家があった。といってもこの路地はわかりにくくなかなか見つけられない。親方の家があった場所にレリーフが取り付けてあるが、うっかりすると通り過ぎ聖母教会まで出てしまう。ある年訪れたときなどはカフェのパラソルが銘板をおおい隠していたので、食卓の上に上って（もちろん女性店員に断って）、片手でパラソルを持ち上げ、片手でカメラのシャッターを切ったこともある。

レリーフの下には「一八〇一年におけるこの家の倒壊でガラス職徒弟で後に有名になった機械工学者、光学者フラウンホーファーが生き埋めになり奇跡的に救出された」と刻まれている。一八〇一年七月二十一日がフラウンホーファーにとって運命の日になった。その日親方の家が突然倒壊した。親方の妻はこの事故で亡くなったが、フラウンホーファーは倒壊四時間後に無傷で救出された。レリーフはフラウンホーファーが瓦礫の中から救出される様子を描いている。中央に立っている人物がバイエルン選帝侯マクシミリアン・ヨーゼフ(フランスで教育を受けた開明的君主。ラムフォードの友人。一八〇六年にナポレオンの支持でバイエルン国王マクシミリアン一世になる。皇帝フランツ・ヨーゼフと皇妃シシーはどちらも選帝侯の孫にあたる)である。救出に立ち会って感動した選帝侯は後にニンフェンブルク宮にフラウンホーファーを招き下賜金を与え「なにか必要なときは父親になろう」と約束した。また裕福な実業家ヨーゼフ・フォン・ウツシュナイダーにフラウンホーファーの面倒をみるよう指示した。二週間前に公職を辞したばかりのウツシュナイダーは精密な光学器械を製作する工場を始めようとしていた。ウツシュナイダーはフラウンホーファーに物理と光学の本を与え勉強の助言をするようになった。

事故後親方はフラウンホーファーが休日学校に通うことは認めたが、フラウンホーファーが夜中に光学の本を勉強するのにランプを使うことを許さない。一八〇四年に、残しておいた選帝侯の下賜金を使って親方から徒弟期間を買い取り、ガラス研磨機を購入して独立した。だが自立はうまくいかず、同じ年に職人としてもとの親方の仕事場に戻った。ウツシュナイダーは一八〇六年に最終的にヴァイクセルベルガー親方を離れたフラウンホーファーを自社の職人として雇った。

ウツシュナイダーは一八〇二年にゲオルク・ライヒェンバッハがミュンヘンに創立した測地器械をつくる工場(数学機械学研究所)に投資し経営者になっていた。ウツシュナイダーはヨーハン・ゾルトナーに依頼してフラウンホーファーに物理、光学、数学を教えさせた。一八〇七年にウツシュナイダーとライヒェンバッハは光学ガラスをつくる工場(光学研究所)をベネディクトボイエルンに設立しそこへフラウンホーファーを送った。

ミュンヘン中央駅から近郊線S6に乗車して終点のトゥツィングまで行き、さらにローカル線の小さな列

グラスヒュッテ

車に乗り換えればベネディクトボイエルンに行くことができる。ミュンヘンから直線距離にして南西に四十キロ程度だろう。と、口でいうのは簡単だが、実際の旅行は何が起きるかわからない。ベネディクトボイエルンで降りるはずだった。だが気がつくと列車はベネディクトボイエルンを通り過ぎ、終点のコッヒェルに着いてしまった。ハイゼンベルクが連合軍に逮捕された別荘はここから五キロほど山道を登ったウルフェルトにあった。ウルフェルトからさらに山道を上って行

グラスヒュッテ内部

ヨーゼフ・フラウンホーファー

くとオーストリア国境を越えインスブルックに出る。山の向こうはティロル地方だ。インスブルックはモーツァルトにもシカネーダーにもゆかりの町である。だがいまはそんなのんきなことを言っている場合ではない。列車が二時間に一本しかない不便な場所である。そのときバスが出ようとしているのに気がついた。あわてて飛び乗って運転手に訊くとベネディクトボイエルンの側を通るということだ。こうして乗客が他に誰もいないバスでやっと目的地に着いた。

鉄道駅ではなくバス停で降りたために並木道をかなり歩いたが、それがかえってよかった。「グラスヒュッテ」に直接出ることができた。バイエルンアルプスの山並みがせまる景色が美しい。ガラス工場は小さな博物館になっており自由に内部を見学できる。修道院ベネディクトボイエルンは千年以上続いた最古のバイエルンベネディクト派総本山だったが一八〇三年に解散させられた。ウツシュナイダーは世俗化された修道院の建物を一八〇五年から一八一八年まで所有した。ウツシュナイダーはその片隅にガラス工場を設置してフラウンホーファーを働かせた。フラウンホーファーはすぐに頭角を現し、一八〇九年には副共同経営者に抜擢され工場も「ウツシュナイダー・ライヒェンバッハ・フラウンホーファー光学研究所」に改称された。一八一四年にはライヒェンバッハが工場を離れフラウンホーファーはウツシュナイダーと対等の共同経営者になった。フラウンホーファーがつくるレンズの評判はヨーロッパ中にひろまり、ガウスはゲッティンゲン天文台のために一八一六年にみずからベネディクトボイエルンにやってきた。オルバース、シューマッハー、ベッセルらが続いた。かつて救出現場に立ち会ったマクシミリアン一世もやってきた。

　フラウンホーファーは一八一四年に最初の論文「色消し望遠鏡改良に関して種々のガラスの屈折率および分散率の決定」を書いた。フラウンホーファーは太陽光のスペクトル中に、ランプの光のスペクトルと同じ輝線を観測できるかどうか知りたかった。ところが無数の強い黒い線を見つけたのである。「フラウンホーファー線」については、英国のウラストンが一八〇二年の論文「プリズムの反射によって屈折率および分散率を調べる方法について」の中で七本の暗線を観測したことを発表していたしドイツ語訳も一八〇九年に公刊されていた。フラウンホーファーがウラストンの論文を知ったのは一八二四年になってからである。フラウンホーファー線はやがてフィゾーがそのドプラー効果を測ることによって星までの距離を測る手段に使えることに気づいた。ボルンは「この発見は気体元素にはそれぞれに特有の線スペクトルが付随するという知識の上に基礎を置くスペクトル解析が誕生した瞬間である」と言っている。フラウンホーファー線が太陽の大気中元素の吸収線であると説明したのは一八五九年のキルヒホフの論文である。

　フラウンホーファーは一八一九年にミュンヘンに移った。住居と光学研究所は、醸造所、機械製作所などとならんで、旧市壁の北にあるアミーラ広場にウツシュナイダーが建てた巨大な建物（現在は同じ場所に商業ビル「ルイートポルトブロック」が立っている）の

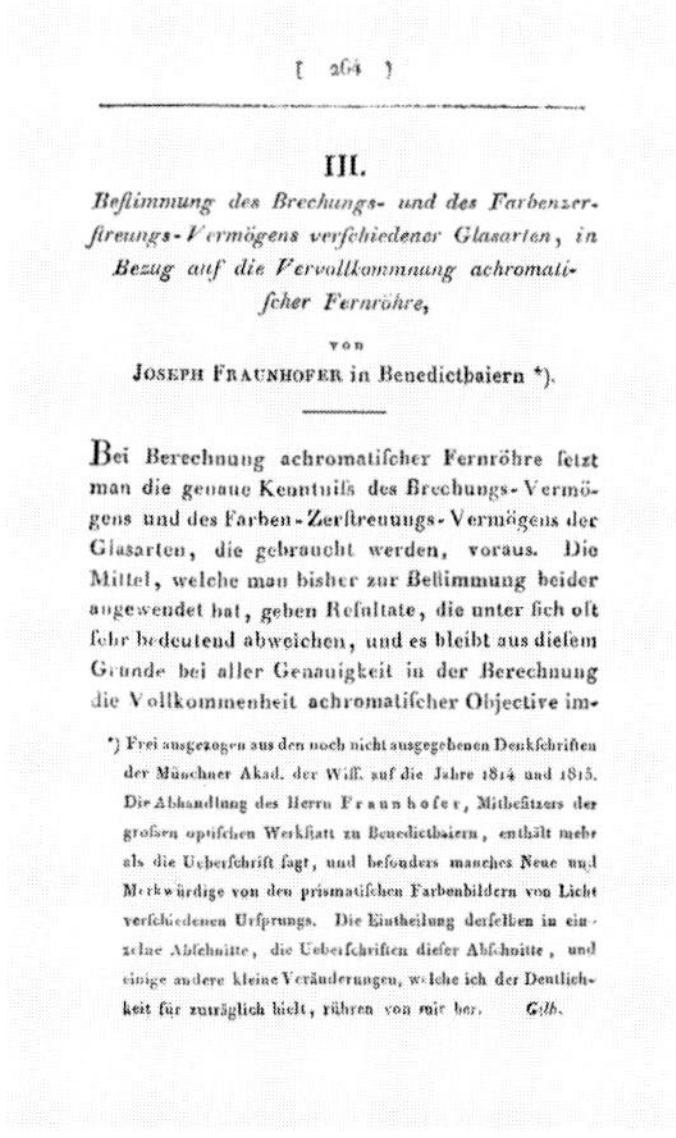

[ 264 ]

III.

*Bestimmung des Brechungs- und des Farbenzerstreungs-Vermögens verschiedener Glasarten, in Bezug auf die Vervollkommnung achromatischer Fernröhre,*

von

JOSEPH FRAUNHOFER in Benedictbaiern *).

Bei Berechnung achromatischer Fernröhre setzt man die genaue Kenntniſs des Brechungs-Vermögens und des Farben-Zerstreuungs-Vermögens der Glasarten, die gebraucht werden, voraus. Die Mittel, welche man bisher zur Bestimmung beider angewendet hat, geben Resultate, die unter sich oft sehr bedeutend abweichen, und es bleibt aus diesem Grunde bei aller Genauigkeit in der Berechnung die Vollkommenheit achromatischer Objective im-

*) Frei ausgezogen aus den noch nicht ausgegebenen Denkschriften der Münchner Akad. der Wiss. auf die Jahre 1814 und 1815. Die Abhandlung des Herrn Fraunhofer, Mitbesitzers der groſsen optischen Werkstatt zu Benedictbaiern, enthält mehr als die Ueberschrift sagt, und besonders manches Neue und Merkwürdige von den prismatischen Farbenbildern von Licht verschiedenen Ursprungs. Die Eintheilung derselben in einzelne Abschnitte, die Ueberschriften dieser Abschnitte, und einige andere kleine Veränderungen, welche ich der Deutlichkeit für zuträglich hielt, rühren von mir her. *Gilb.*

「色消し望遠鏡改良に関して種々のガラスの屈折率および分散率の決定」

シュロス広場

中にあった。バイエルン科学アカデミーは、フラウンホーファーが大学はおろかギムナジウムの教育も受けていないことを理由に、一八二一年までフラウンホーファーの聴講を許さなかった。数学物理部門のアカデミー会員バーダーは「アカデミーが芸術家や工場主や職人の組織になってはならない。フラウンホーファーの論文は職人に役立っても科学的発見ではない。暗線は職人の発見である。フラウンホーファー自身が論文を書いたかどうか疑問で、本当の執筆者はウツシュナ

フラウンホーファー像

マクシミリアン通り銅像

イダーであろう」とまで言っている。ひどい。数学物理教授イェリンは「フラウンホーファーが私と同じ部門、同じ地位に加わるならそれは私個人への侮辱である」と怒った。これもひどい。フラウンホーファーとライヒェンバッハの協力でミュンヘン天文台をつくったゾルトナーは「光と色彩の分野でフラウンホーファーの発見がニュートン以来もっとも重要である」とフラウンホーファーのために弁じた。「フラウンホーファー回折」に関する二編の論文は一八二二―二三年に発表された。一八二二年にエルランゲン大学がフラウンホーファーに名誉博士号を授与した。マクシミリアン一世は一八二三年フラウンホーファーを科学アカデミー教授に任命し一八二四年貴族に列した。

フラウンホーファーは生涯独身で、一八二六年六月七日に肺結核で亡くなった。三十九歳だった。スピノザと同じ職業病だったのかもしれない。ミュンヘン南墓地の中央付近にシュピッツヴェークのユーモアあふれる墓碑があるが、フラウンホーファーの墓は、十七日前に亡くなったライヒェンバッハの墓に並んで、南端のアーチ壁際にある。墓碑には望遠鏡と太陽が刻まれ、墓前に「APPROXIMAVIT SIDERA（彼は星を近づけた）」と刻まれた花器が置いてある。ウツシュナイダーの墓も少し離れてアーチ内にある。ミュンヘン中心部のマクシミリアン通りをはさんでラムフォード像の前に、足下に望遠鏡を置き、プリズムを持ったフラウンホーファー像が立っている。記念碑は故郷のシュトラウビングにもある。生家のあるフラウンホーファー通りの二本先のブルクガッセを下っていくと、

ゾルトナー墓碑

ドナウ河畔に、シュトラウビング＝オランダ公アルブレヒト一世が十四世紀につくった城に突き当たる。そのシュロス広場には十八世紀の泉があり、うしろの建物の壁に望遠鏡を持ったフラウンホーファー像が取り付けてある。像の下にも墓前の花器と同じ文が刻まれている。

フラウンホーファーの恩師ゾルトナーは、一九一一年のアインシュタインに一世紀以上も先駆けて、フラウンホーファーが生き埋めから救出された一八〇一年に、光が万有引力によって曲がる角度〇・八四秒（一般相対論の半分）を計算した物理学者だ（キャヴェンディシュの未発表の計算もある）。ミュンヘンのイーザル河岸ボーゲンハウゼンにある聖ゲオルク教会の墓地には作家エーリヒ・ケストナーや指揮者ハンス・クナパーツブッシュの墓があるが、教会の壁にゾルトナーの墓碑がある。古井戸の前の静かな空間である。

# ボストン&ロウエル鉄道

ラムフォード
Benjamin Thompson

ボストン＆ロウエル鉄道

ボストン・ニューヨーク間にびっしり張りめぐらされていた鉄道網は現在そのほとんどが廃線だ。ボストン郊外を散歩しているといたるところで雑草に埋もれた廃線を見つける。七つあったボストンのターミナル駅は北駅と南駅の二つだけになってしまった。北駅からはかつてのボストン＆ロウエル鉄道がロウエル線として残っている。一八四二年に米国にやってきたディケンズはロウエルへの日帰り旅行を『アメリカ紀行』に記した。その中で車輛が紳士用、婦人用、黒人専用にわかれていることに驚いている。

アンダーソン・ウォウバン駅でロウエル線に乗ろうとしたときのことだ。駅の西側から入ろうとしたら入り口がない。駅舎は線路の向こう側に見えているが金網が張られており、どう見渡しても東側に出る通路がないのだ。列車の到着時間が迫っている。週末で列車は二時間に一本しかない。線路脇の町工場に飛び込んでどうすればいいか訊いてみた。「ずっと先にある踏み切りを渡ればいいんだよ。なんだって？　車じゃないのか。それじゃあここを通ればいい」といって金網

メリマック河

をこじ開けすき間をあけてくれた。そこから線路をこえプラットフォームをよじのぼったとたん列車の警笛が聞こえた。間一髪だ。運転手の目に入ったに違いない。

　ボストン&ロウエル鉄道は一八三五年に開通した。それ以前の交通手段は運河だった。一七九五年から一八〇三年にかけて、メリマック河畔のミドルセックス村からボストン港まで運河が開削された。ボストンの商人ロウエルは英国の紡績工場と労働者の悲惨さを視察した後、仲間と共同でボストン製造会社を設立した。ロウエルは一八一七年に亡くなったが仲間は一八二二年からミドルセックス村に運河を開削し紡績工場建設を始めた。ロウエルと名づけられた町は急速に発展し米国の産業革命が始まった。ウォウバンではコンコード（ニューハンプシャー）からメリマック河と運河を使ってなめし皮が入ってくるようになり急激に皮革工業が発達した。だが一八五三年に運河は廃棄された。現在ではところどころで埋め立てられずに残った運河跡を見かけるだけである。北駅前にある運河通りはミドルセックス運河の延長上につくられた運河を埋めた跡だ。

　もっともよく保存された運河の一部がウォウバンにある。ウォウバンでは鉄道と運河が二キロほどの距離をおいてほぼ平行している。運河に沿って町を南北に縦断するのが本通りだ。アンダーソン・ウォウバン駅からまっすぐ西に行くと本通りに出るが、そこから弓形をした脇道エルム通りが南下し再び本通りに合流している。合流点あたりで本通りが運河をまたいでいる

ブート紡績工場

ブート紡績工場のキューポラ

が、水辺に三階建てのコロニアル式建物が立っている。一六六一年にさかのぼるウォウバン最古の建物だ。現在は中華料理店だが、運河建設を指揮した技師ロウアミ・ボールドウィンの邸宅だった。ボールドウィンは一七四四年生まれで米国最初の技師と言われているが、独立戦争では革命軍の軍人としても活躍した。一七七五年独立戦争が始まったレキシントンとコンコード（マサチューセッツ）の戦闘に少佐として参加している。連隊長となったボールドウィンは将軍ワシントン

エルム通り生家

に従ってデラウェアを渡河しニュージャージーでトレントンの戦いにも参加した。健康を害して一七七七年に退役し公職を歴任した。ミドルセックス運河の建設にあたったのはこの間である。息子たちも技師になった。同じ名をもらった三男は「米国工学の父」となった。ボストン&ロウエル鉄道敷設を指揮したのは四男ジェイムズ・ファウルである。

ボールドウィン邸はエルム通りの南端にあったが、同じ通りの北端に「ラムフォード伯爵生誕地」と書かれた家がある。ベンジャミン・トンプソンは一七五三年三月二十六日にこの家で生まれた。一八三〇年の銅版画を見ても一軒家だったことがわかるが、現在は住宅街となり、まわりの風景で昔をしのぶよすがはない。生家にカメラを向けながら、路上駐車の車が邪魔だな、と思っていたら、その車の持ち主が声をかけてきた。「ぼくは生まれてからずっとこの町に住んでいるし、隣にあるラムフォード小学校を卒業したんだ。だけどぼくは一度もこの家の写真を撮っている人を見たことがないよ。わざわざ日本から来たのかね。ぼくも今度この家の中に入ってみよう。ところでラムフォード伯爵というのは何ものかね。」

トンプソンは農夫の父を二歳になる前に失い、三歳のとき再婚した母に連れられて近くの義父の家に引っ越した。一七六六年十三歳のときセイラムのエセックス通りにあるアプルトン商店に奉公に出た。一七六九年にはボストンのケイペンの店に移った。その店があった建物はレストラン "Ye Olde Union Oyster House" として現存する。オルレアン公ルイ＝フィリップが生活費を稼ぐためフランス語を教えていた家だ。短期間でウォウバンに戻り、一七七〇年末には医師へイの徒弟となり医学を勉強し始めた。トンプソンは後に「熱の実験を行うことは常に私のもっとも気に入った仕事であった。それは私が十七歳でブールハーフェのすばらしい『火の論考』を読んだときすでに私の関心を刺激し始めた」と言っている。その頃九歳年上で幼なじみのボールドウィンと「科学協会」をつくり共同で勉強を始めた。一七七一年にはハーヴァードカレッジでジョン・ウィンスロップの電気に関する講義を聞いている。トンプソンとボールドウィンは連れだって毎日ハーヴァードに通ったという伝説が伝えられているが徒歩で毎日三十二キロはきつい。その年には医学報告をフィラデルフィアの哲学協会に投稿したが印刷されなかった。短期間だが隣町ウィルミントンやメリマック河畔の町ブラッドフォードの学校で教えた。そのとき極光に関する論文を哲学協会に投稿したが再び印刷されなかった。

ベンジャミン・トンプソン

一七七二年十九歳のときコンコードに学校教師として赴任した。コンコードもメリマック河畔の町で、もとはマサチューセッツに属したラムフォードである。ロンドン東郊ロムフォードからの移民の町だった。だがニューハンプシャーが境界争いで勝訴しコンコードと改称した。トンプソンは、コンコードに到着して間もなく、裕福な未亡人で十二歳年上のセーラに見初められてすぐに結婚し大地主になった。セーラは、町の実力者ティモシー・ウォーカーの長女で、一七六九年二十八歳のとき町でもっとも裕福な三十一歳年上のベンジャミン・ロルフと結婚したが、一七七一年に夫と死別し莫大な遺産を相続していた。ニューハンプシャー総督は軍歴がまったくないトンプソンをいきなり少佐に抜擢した。

ボールドウィンが愛国派、革命側に参加したのに対し、トンプソンは王党派、英国側に立った。それでもボールドウィンは一八〇七年に亡くなるまでトンプソンを信用し、友情を失わなかった。ボールドウィンは五男をジョージ・ラムフォードと名づけている。ボールドウィン邸のすぐ近くで本通りに面して「一七九〇年の家」が保存されている。ボールドウィンが所有していた家で、一八〇三年にミドルセックス運河が完成したとき盛大なパーティーが開催された。ボールドウィンはトンプソンが帰国してここに住むことを願ったが実現しなかった。この家は逃亡奴隷のための「地下鉄道駅」だったと言われている。

トンプソンは、愛国派に疑われて身の危険を感じたので、一七七四年暮れに妻と生まれたばかりの娘をコンコードに残してボストンに逃げた。翌年四月十五日にウォウバンの母を訪れたが十九日に戦争が始まったのでそこにとどまった。五月六日にボールドウィンから得た情報を見えないインクで書いた密書にして英軍に送った。愛国派に告発され五月十八日に裁判にかけられたが、証拠不十分で釈放された。ボールドウィンが取り調べる委員の一人だった。四日後に再逮捕されたが二十九日の裁判で再び証拠不十分で釈放された。密書がばれていたら絞首刑になっていただろう。トンプソンは、十月にボストンに逃亡し、翌年三月英軍が

英国庭園ラムフォード記念碑

ボストンを放棄したときロンドンに亡命した。トンプソンは植民地大臣ジャーメイン卿の私設秘書になった。その間にも物理実験を忘れたことはなく一七七八年にジャーメイン邸で火薬の爆発力を測定する実験を行い最初の論文を発表している。先人の実験を改良した研究だがその業績を認められ一七七九年に王立協会会員に選ばれた。一七八一年にトンプソンが騎兵隊中佐として米国に渡ったとき独立戦争の大勢は決まっていた。一七八二年に停戦になり英国に戻るしかなかった。

トンプソンは一七八三年に職を求めてヴィーンに向け旅立った。途中ストラスブールでバイエルン選帝侯カール・テーオドールの甥マクシミリアンの観兵式に行き会った。マクシミリアンはフラウンホーファーを見出した人で、後にバイエルン国王になる。マクシミリアンがトンプソンと歓談したところ、独立戦争で敵として対峙していたことを知った。二人はこのとき生涯の友人になった。トンプソンはマクシミリアンのつてで選帝侯の副官に採用された。英国王ジョージ三世はそれを許可しトンプソンにナイトの称号を与えた。

英国庭園ラムフォードの家

トンプソンは選帝侯の寵臣になった。余談だがモーツアルトは一七七七年に母とパリに行く途中マンハイムでカール・テーオドールの前で演奏した。歌劇『イドメネオ』はこの選帝侯の委嘱だった。

当時バイエルンは経済的にも文化的にも疲弊していた。政府は無能で腐敗し、国民は貧困で勤労意欲がなくミュンヘンの町は乞食であふれていた。兵士は罪人が多く、その給料は低く、軍服も装備も貧弱で志気は最低だった。トンプソンは物理研究を続ける一方で一七八八年に陸軍少将に昇格し改革を始めた。兵士の給料を増額し、無料で教育の機会を与え、公共事業に使った。公共事業の一つが英国庭園の建設である。自然を生かした広大な庭園は現在に残るトンプソンの遺産である。庭園の中には急流の川があり、若者たちが波乗りをしているのを見たときはびっくりした。その近くにラムフォード記念碑、近くの林の中にラムフォードの家がある。一七九〇年に枢密顧問官になった。

トンプソンは同年貧民救済に乗り出した。ミュンヘンのアウ地区につくった働きやすい工場に一斉検挙した乞食を連れていき、訓練して軍服をつくる仕事を与えた。それまでの貧民対策が教会の施しだったのに対し、トンプソンは失業対策ととらえた。工場には給食設備をつくり安価で栄養価が高い給食としてジャガイモのスープを考案した。現在もレシピーに残る「ラムフォードスープ」である。バイエルンでジャガイモが使われるようになったのはこのときである。またトンプソンは炊事に必要な燃料の熱量を測定するために熱量計を考案した。トンプソンがこの熱量計を用いて測定した水の気化熱は一グラムあたり五七八カロリーできわめて正確である。また火を耐火物で包むかまどを考案し、工場の照明を改善するために光度計をつくった。軍服を改良するため熱伝導の研究を行い、気体粒子が熱を運ぶという「対流」を発見している。一七九二年コプリーメダルを受賞した。同年トンプソンは神聖ローマ帝国伯爵の位を授けられ、ラムフォード伯爵になった。王立協会と米学士院にラムフォードメダルの基金を寄贈したのもこの年である。

一七九七年に行った実験を翌年王立協会で発表した論文でトンプソンは「最近のことだが、ミュンヘンの軍工場の作業場で大砲の穴あけを監督していたとき、短時間の穴あけで真鍮の砲身が得るたくさんの熱と、それから取り出した金属くずのもっとたくさんの熱に驚いた」と書いている。トンプソンは「摩擦によって実際に生成され、二時間と三十分間蓄積された熱によって一八〇度熱せられる、すなわち沸騰させられる氷水の全量…二六・五八ポンド」と記した。温度の単位は華氏だ。また「この実験で使われた機械は馬一頭の

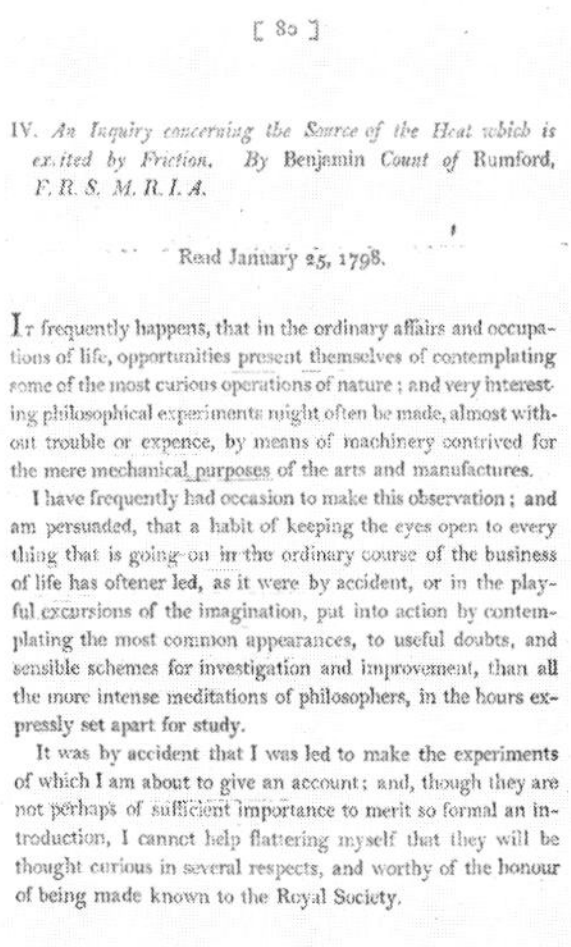
[ 80 ]

IV. *An Inquiry concerning the Source of the Heat which is excited by Friction.* By Benjamin Count of Rumford, *F. R. S. M. R. I. A.*

Read January 25, 1798.

It frequently happens, that in the ordinary affairs and occupations of life, opportunities present themselves of contemplating some of the most curious operations of nature; and very interesting philosophical experiments might often be made, almost without trouble or expence, by means of machinery contrived for the mere mechanical purposes of the arts and manufactures.

I have frequently had occasion to make this observation; and am persuaded, that a habit of keeping the eyes open to every thing that is going on in the ordinary course of the business of life has oftener led, as it were by accident, or in the playful excursions of the imagination, put into action by contemplating the most common appearances, to useful doubts, and sensible schemes for investigation and improvement, than all the more intense meditations of philosophers, in the hours expressly set apart for study.

It was by accident that I was led to make the experiments of which I am about to give an account; and, though they are not perhaps of sufficient importance to merit so formal an introduction, I cannot help flattering myself that they will be thought curious in several respects, and worthy of the honour of being made known to the Royal Society.

「摩擦によって生じる熱の原因の研究」

王立研究所

力で容易にまわせた」と言っている。この二つを用いてトンプソンの実験の意味を明らかにし、熱の仕事当量を計算したのがジュールである。一八五〇年の論文で「ラムフォード伯爵の論文のもっとも重要な部分の一つは、これまでほとんど注目されなかったものだが、彼が熱の一定量をつくるに要する機械的力の量を評価した部分である」と言っているが評価したのはジュール自身である。「力」は現代の「仕事」である。そしてワットが評価した馬一頭の力（一分に三三、〇〇〇フットポンド）を用いて「ラムフォード伯爵の実験によると水一ポンドを一度上げるに要する熱は一〇三四フットポンドによって表される力に等価であろう。この結果は本論文で述べた私自身の実験から私が得たもの、すなわち七七二フットポンドから大きく違っていない」と言っている。

トンプソンは一七九六年にはバイエルン警察長官に任命されたが、政敵も多かった。一七九八年にバイエルン公使としてロンドンに赴任したが、英国政府が承認しなかったので失業してしまった。はめられたのだ。そこでトンプソンは寄付を集めて一八〇〇年に王立研究所を設立した。当初は博物館と工学教育のためにつくられたがやがて一般向け講義と研究のための機関になった。トンプソンはデイヴィーやヤングを採用している。だが王立研究所と喧嘩し一八〇三年に交戦中のフランスに移住した。

トンプソンは女性にもてた。女性遍歴は華々しかったが、正式に結婚したのは夫と父を同じ日に断頭台で失ったマリー＝アンヌ・ラヴォアジエとだけである。

ラムフォード墓所

恋愛時代はうまくいった二人も一八〇五年に結婚してアンジュー通りの邸宅に同居すると、自己中心のトンプソンが個性の強いラヴォアジエ夫人に合わせるはずはなく、一八〇八年に別居し翌年離婚した。別居後はジャン・ロラン広場近くのオトゥーユ通りに住んだ。エルヴェシウス夫人の文学サロン「オトゥーユ・アカデミー」があった家だが記念碑があるだけだ。一八一三年十一月十日にデイヴィーがファラデイを連れてトンプソンを訪ねてきた。トンプソンは一八一四年八月二十一日に急死した。墓所はジャン・ロラン広場からミケランジュ通りをまっすぐ南下したこぢんまりしたオトゥーユ墓地にある。ラヴォアジエ夫人も娘も出席しない寂しい埋葬式だった。

トンプソンの銅像はミュンヘンのマクシミリアン通りでフラウンホーファーの銅像に向かい合っている。左手に英国庭園の地図を持っている。この銅像の複製が生まれ故郷にもある。現在は廃線だが、ボストンに住んでいた頃は、ウォウバンの中心ウォウバン広場までロウエル線の支線が走っていた。ウォウバン広場の

ミュンヘンラムフォード像

すぐ近くに市立図書館がある。堂々とした図書館の前庭にラムフォード像が立っている。館内の壁にたくさんの絵が飾ってあるが玄関近くにラムフォードの肖像画がある。ロウアミ・ボールドウィンの胸像も展示されている。同じ名をもらった三男のほうだ。図書館で手に入れたカタログには、ボールドウィンの四男ジョージ・ラムフォードの娘が図書館に寄贈した、と書いてある。近くにある古い墓地の中にオベリスクの形をしたボールドウィンの墓碑が立っている。

コンコードのメリマック河畔の家に置き去りにされた最初の妻セーラはトンプソンとわずかな時間を過ごしたその家で一七九二年に亡くなった。そのとき同じ名の娘セーラを引き取ったのがボールドウィンだ。トンプソンは一七九六年に娘をロンドンに呼びよせた。セーラは父に従ってミュンヘン、パリに移り住んだ。セーラは生涯独身で一八五二年にコンコードの生家で亡くなった。セーラの遺言で孤児院として使われていた生家は高速道路建設のために取り壊された。

ウォウバンラムフォード像

# サン＝ラザール駅

フレネール
Augustin Fresnel

サン＝ラザール駅

永井荷風を乗せた蒸気船ブルターニュ号は一九〇七年七月十八日にニューヨークを出港し二十七日にル・アーヴルに入港した。荷風は翌朝ル・アーヴルから列車でパリのサン＝ラザール駅に到着しそこで一泊した。「船と車」（『ふらんす物語』、岩波文庫）には次のように書かれている。「サン、ラザールの停車場に着した。この近辺はパリー中でも非常な雑沓場で、掏盗児の多い事は驚くほどだ。時計でも紙入でも、大切のものは何一ツ外側の衣嚢へ入れていてはいけない。と、船中で或るフランス人が注意してくれたので自分もその気で、プラットフォルムへ出たが、なるほど、雑沓はしているものの、その度合は、ニューヨークの中央停車場なぞとはまるで違う。人間が皆な、ゆっくりしている。米国で見るような鋭い眼は一ツも輝いていない。後から、旅の赤毛布を押飛ばして行くような、無慈悲な男は一人もいない。今、プラットフォルムから往来へと出て行く旅客の中では、恐く自分が——出迎人も案内者の一人もなくて、生れて初めて見るパリーの大都に入ろうとする自分が、一番足早に、勇立って歩い

ベルネー旧市街

て行く男であったろう。」

サン＝ラザール駅界隈は気さくな場所だ。荷風は駅舎に沿うローマ通りの安宿に泊まった。荷風をまねて同じ通りにあるカフェで食事をしてみた。給仕してくれたのはにこりともしないクールなパリジェンヌだが、支払いのときあめ玉をくれたので嬉しそうな顔をしたら、戻ってきてまたあめ玉をどっさりくれた。サン＝ラザールはノルマンディーへの鉄道の始発駅である。荷風がやってきたとき、モネの油彩画『サン＝ラザール駅』が描かれた一八七七年から三十年経っていたが、駅はほとんど同じであったろう。現在でも、蒸気機関車はもうないが、プラットフォームの三角屋根は変わっていない。サン＝ラザールからは、ルーアンを経てル・アーヴルに行く列車ばかりではなく、カーンを経てシェルブールへ行く列車も出ている。カーンの手前にあるベルネーで列車を降りた。ブロイ村に行くのが目的だ。駅前で違法駐車を取り締まっている若い警官が「どこに行くんだね」と訊くので「ブロイ」と言うと「ブロリか。十二キロだね。タクシーがすぐ来る

ブロイ村役場

よ」と教えてくれた。地元ではブロイではなくブロリと発音しているらしい。

ベルネーはシャラントンヌ川沿いにできた小さな町だ。ブロイ村はその川を南西方向にさかのぼった上流にある。村役場前は三元帥広場と名づけられている。ルイ・ド・ブロイの先祖の三元帥を記念した名前だ。村役場の裏はルイ・ド・ブロイ通りになっている。村を見下ろす丘の上には城がある。ド・ブロイ家の居城だったが、現在は使われておらず、門扉は閉じられていた。村役場でもらったパンフレットには、ド・ブロイはド・ブルーユと発音する、と書かれている。村の名はシャンブレーだったが一七四二年にド・ブロイ家の領地となり名を改めた。村役場前のサン＝マルタン教会の横、通りを隔てた建物の壁に胸像が取り付けてある。胸像の下の銘板には「土木技師、科学アカデミー会員、レンズ式灯台の発明者オーギュスタン・フレネールは一七八八年五月十日にこの家で生まれた。光の理論の、きわめて高度な概念ときわめて役に立つ応用は、このニュートンの好敵手に負っている」と刻ま

フレネール胸像と銘板

れている。

フレネールの胸像の左には円形レリーフが取り付けてある。同じ家で生まれたレオノール・メリメを記念している。フレネールの伯父にあたるレオノールは画家だったが一八〇二年から工業化学を専攻した。一八〇七年から一八一五年第二次王政復古で罷免されるまでエコール・ポリテクニークの図画教師だった。また一八〇六年から一八三六年に亡くなるまで美術学校終身監事だった。伯父はフレネールが一八〇五年に父を失って以来父親代わりになり、フレネールが科学の世界に入る助力をした。生涯にわたってフレネールの親友となるアラゴーとアンペールに紹介したのもこの伯父である。その息子、すなわちフレネールの従弟が『カルメン』や『コロンバ』で有名なプロスペール・メリメだ。

レオノールの父フランソア・メリメはルーアン高等法院の弁護士だったが、ド・ブロイ家三人目の元帥ヴィクトル＝フランソアに財産管理人として雇われた。一七八四年に城の修理が必要になったのでフランソアはカーンで建築家ジャック・フレネールを雇った。ジャックはメリメ家に同居し、翌年レオノールの妹オーギュスティーヌ（ド・ブロイ公が名づけ親）と結婚した。オーギュスタン・フレネールはジャック・フレネールとオーギュスティーヌ・メリメを両親としてメリメ家で生まれた。両親ともカトリックのピューリタンともいうべき厳格なジャンセニストだった。フレネールの禁欲的な性格は両親に負っている。

フレネールがブロイに住んだのはわずかの間である。



フレネール生家（左頁）

エコール・ポリテクニーク

革命が始まった一七八九年にド・ブロイ城の修理が終わると一家はシェルブールに移った。父がケルクヴィル堡塁の建設に従事するためである。一八九四年に革命の影響で仕事が中止になったので父は失職し、一家とともにカーンの北郊マテューにある生家に帰った。

フレネールは一八〇一年から三年間をカーン中央学校で過ごしたが優れた数学教師クノーに出会った。一八〇四年にエコール・ポリテクニークに進学し、モンジュ、プロニー、ポアソン、ラベー、アシェット、ルジャンドルに数学を学んでいる。一八〇六年に土木学校に進学、三年後に卒業して土木技師になった。一八〇九年十二月一日に土木局に雇われヴァンデ地方で道路をつくる仕事に就いたが、病気がちで内気なフレネールにとって道路工事監督は苦痛だった。一八一二年末に昇格してローヌ渓谷にあるニオンでスペインとイタリアを結ぶ道路建設の仕事に就いた。時間的余裕ができたので仕事の合間に、星の光行差、水力昇降機、気体膨張の理論などの研究を行うようになった。一八一四年五月十五日の弟に宛てた手紙で「数か月前になるが、ビオーが学士院で光の偏極に関する非常に興味ある論文を発表したことを新聞で見た。一所懸命に考えてみたがその言葉がなにを意味するかさっぱりわからない」と書いている。伯父の紹介でアラゴーと文通するようになった。アラゴーはフレネールの二歳年上にすぎないが、学士院会員、パリ天文台天文学者だった（一八一六年にはエコール・ポリテクニーク数学教授になっている）。最初の試みは伯父に託したアラゴーへの手紙に書かれていた。それは星の光行差に関する考察だがすでに同じ結果をブラッドリーが与えていた。

一八一五年二月二十六日にナポレオンがエルバ島を脱出し三月一日にカンヌに上陸するという事件がなかったらフレネールはがっかりしたままで研究を続けることはなかったかもしれない。アラゴーによれば「彼にはカンヌ上陸は文明に対する攻撃と見えた。」フレネールは自分の健康を顧みずただちにアングレーム公が率いるニームの王党軍に馳せ参じた。だが病弱なフレネールは王党軍に冷たく迎えられた。無理をしたため病気で倒れニオンに帰るしかなかったが、ナポレオンを支持するニオンでは敵意を持つ群衆が窓に石を投げフレネールを脅した。フレネールは五月九日に土木局を解雇され警察の監視下に置かれた。もっとも警察署長の配慮でゆるやかな自宅軟禁だった。百日天下が終わり、第二次王政復古で復職したが十月末まで任務を与えられなかった。そのため研究に専念する時間ができた。七月にマテューに帰る途中パリでアラゴーに会った。

同年九月二十三日に「点状光源によって照らされた不透明物体がつくる影の中に見られる色のついた縞の

オーギュスタン・フレネール

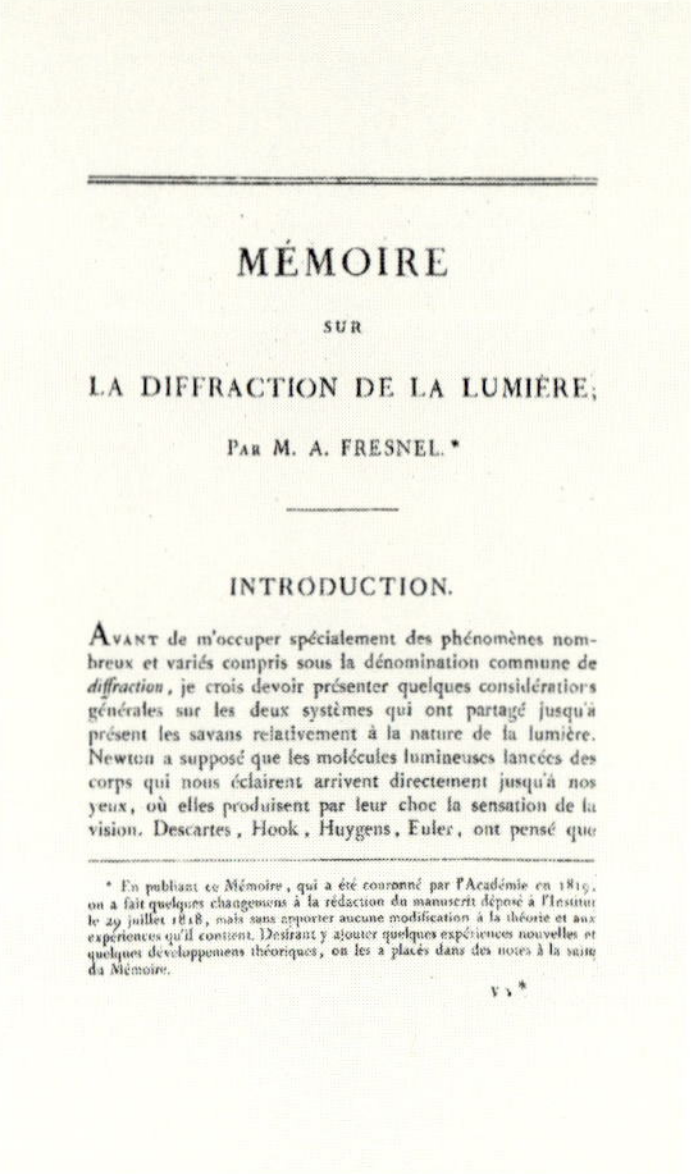

MÉMOIRE

SUR

LA DIFFRACTION DE LA LUMIÈRE;

PAR M. A. FRESNEL.*

INTRODUCTION.

AVANT de m'occuper spécialement des phénomènes nombreux et variés compris sous la dénomination commune de *diffraction*, je crois devoir présenter quelques considérations générales sur les deux systèmes qui ont partagé jusqu'à présent les savans relativement à la nature de la lumière. Newton a supposé que les molécules lumineuses lancées des corps qui nous éclairent arrivent directement jusqu'à nos yeux, où elles produisent par leur choc la sensation de la vision. Descartes, Hook, Huygens, Euler, ont pensé que

* En publiant ce Mémoire, qui a été couronné par l'Académie en 1819, on a fait quelques changemens à la rédaction du manuscrit déposé à l'Institut le 29 juillet 1818, mais sans apporter aucune modification à la théorie et aux expériences qu'il contient. Desirant y ajouter quelques expériences nouvelles et quelques développemens théoriques, on les a placés dans des notes à la suite du Mémoire.

V v*

「光の回折に関する論文」

説明と法則を発見したと思います」で始まる手紙をアラゴーに書いた。アラゴーに励まされたフレネールは十月十五日に科学アカデミーで最初の論文を発表した。二十七歳になっていた。ヤングは一八〇一年に干渉の現象を発見していたがニュートンの光の粒子説が権威を持っておりヤングの発見はほとんど知られていなかった。フレネールはヤングの論文を知らずに光の波動説によって回折を説明した。その論文でフレネールは、粒子説の結果が波動説でも容易に解釈できることを示し、干渉の原理に到達している。十一月十日の第二論文では回折格子が示す色の理論を干渉の原理によって与えた（後に独立にフラウンホーファーも与えた）。アラゴーとアンペールはフレネールによって光の波動説に回心した。

　フレネールの新しい任地はレンヌだが、アラゴーは同僚でフレネールの上司プロニーにかけあってフレネールが賜暇を得られるよう取り計らった。フレネールは一八一六年三月初めにパリにやってきた。フレネールがヤングの論文を読むことができたのはこのときになってからである。フレネールは回折稿が干渉によって引き起こされることを検証する実験を行った。だが十月にはレンヌに戻らなければならなかった。それは失業者対策事業「土木作業場」の任務だったが忍耐も限界に達するほどだった。十二月二十九日に伯父に宛てて「人を率いなければならないことほど耐え難いことはありません」と書いている。アラゴーはフレネールがパリ転勤になるよう運動した。フレネールがパリのウルク運河で任務に就いたのは一八一八年五月一日になってからである。

ラプラース、ビオー、ポアソンをはじめ当時の研究者は光の粒子説を採っていた。アラゴーとアンペールはフレネールを説得して一八一九年度科学アカデミー懸賞課題「回折現象の実験的、理論的研究」に応募させた。一八一八年四月二十日に投稿したプリ・カシュテ（封印文書）にはホイヘンスの原理と干渉の原理によって波面の任意の点で波動の振幅を与える公式を与えているがその中に「フレネール積分」が現れた。七月二十九日には「光の回折に関する論文」を科学アカデミーに提出した。懸賞論文締め切りの二日前である。それはそれまでに行った回折と干渉に関する研究をまとめたもので物理学史上に輝く傑作である。審査員はラプラース、ビオー、ポアソン、アラゴー、ゲー＝リュサックである。ポアソンはフレネールの論文の矛盾点を検証する実験を提案した。フレネールが行った実験の結果にポアソンは沈黙するしかなかった。

一八一六年にさかのぼるが、フレネールはアラゴーと共同で直交する偏極面を持つ光線は干渉しないことを発見した。そのときアンペールは「偏極した波の振動が波面でのみ起こるならこの現象をもっとも単純に説明できる」と考えた。だがフレネールは八月三十日に書いた論文で躊躇してアンペールの考えを述べた部分を削除した。フレネールは偏極の性質をさらに追究するために反射の効果を調べて一八一七年十一月十日の論文で「円偏光」を発見している。一方、アラゴーは一八一六年にゲー＝リュサックとともにヤングを訪れたとき、偏極面が直交するとき干渉が起こらないという実験事実を伝えた。ヤングは一八一七年一月十二日アラゴーに宛てた手紙の中で「横方向の振動が偏極である」と示唆していた。

パリに移ったフレネールは一八一九年三月にアラゴーと共著で偏極光線の干渉に関する論文を公刊したがまだ縦波の仮定が事実に合わないことに言及していない。フレネールが光は横波のみからなることを確信して書いた論文は一八二一年五月から七月まで三部に分けて発表された。一様透明物質の反射と屈折を与える「フレネールの公式」は第三部に書かれている。フレネールはアラゴーとの共著を提案したが、アラゴーはフレネールについていけなくなったので単著になった。フレネールはさらに一八二一年十一月十九日から翌年四月二十二日までの間に結晶による複屈折が横波の仮説によって説明できることを示す一連の論文を発表した。

光の粒子説によれば物質の屈折率は物質中と空気中の光速度の比によって決まる。アラゴーは一八一〇年に望遠鏡の前に置いたプリズムによって星の光の屈折角を測定した。さまざまな星の速度と地球の運動によってさまざまな屈折角が得られると期待したからである。ところが星の光はあたかも地球が静止し、星が見かけの位置にあるかのように屈折することを発見した。フレネールは一八一八年にアラゴーへの書簡という形で論文「光学現象に対する地球の運動の影響について」を発表し、光の波動説によってアラゴーの測定結果を見直した。光を伝える物質エーテル中で物体が運動するとき物体中のエーテルの一部が引きずられると仮定してアラゴーの結果を再現するように運動物体中の光速度を与える式を導いた。その式に現れた「フレネールの随伴係数」は一八五一年にフィゾー、一八八六年にマイケルソンとモーリーが実験的に検証した。その物理的意味が明らかになったのは一九〇七年で、ラウエが相対論の速度加法則によって説明した。

エコール・ポリテクニークのかつての建物は研究技術省が使っている。もよりの地下鉄カルディナル・ルモアーヌ駅を出ると大きな交差点になっているが、そこにアンペールの家があった。アンペールはこの家で一八二〇年に電気力学をつくった。アンペールは磁気の原因が電流であるとし、磁石の磁気は磁石の中を流れる電流によるものと考えた。フレネールはアンペールへの手紙で、もし磁石の中を電流が流れているなら熱が生じてしまうから、電流は分子のまわりを流れているのではないかと指摘した。翌年一月までにアンペールはフレネールの分子電流の考えを認めた。後にヴェーバーの電子論に受け継がれることになる。

フレネールはパリ市庁舎の時計をライトアップする方法や灯台の仕事を依嘱された。一八二〇年には灯台のためにレンズを同心円状に刻んで厚さを減らした

アンペール旧居跡

「フレネールレンズ」を発明した。フレネールは一八二三年五月十二日に満場一致で科学アカデミー会員に選出されたが、健康状態はますます悪くなった。何かをあきらめなければいけないと言われたフレネールは、土木局の仕事を優先し物理研究をあきらめた。フレネールは最後の五年間をアンペールの家の一室を借りて住んだ。だが結核が急速に悪化したので一八二七年六月初めにパリ郊外に転居した。

サン＝ラザールはヴェルサイユ左岸駅までの国鉄列車の出発駅でもある。セーヴル・ヴィル・ダヴレー駅で降りるとすぐ近くにレ・ジャルディーがある。一八三八年にバルザックが入手した家だが、二年後に差し押さえられて手放した。レオン・ガンベッタが亡くなった家でもある。ガンベッタ記念館になっているこの家の通りが二つの小さな町セーヴルとヴィル・ダヴレーの境界になっている。フレネールが転居したのはヴィル・ダヴレーである。母がマテューから看護にやってきた。小さな町を散歩してみたがフレネールの家は見つけられなかった。ロンドン王立協会はフレネール

レ・ジャルディー

にラムフォードメダルを贈った。ヤングからメダルを託されたアラゴーがヴィル・ダヴレーにやってきた八日後の七月十四日にフレネールは母の胸の中で亡くなった。三十九歳だった。パリのペール＝ラシェーズ墓地の円形広場にはエコール・ポリテクニークで教えを受けたモンジュやアシェットの墓所がある（モンジュの墓所は一九八九年にパンテオンに移された）。その向かいにフレネールの墓所がある、はずだが、いまだに見つけられないままでいる。

モンジュ墓所

# ディエプ上陸作戦

ド・ブロイ
Louis de Broglie

ジャンヌ・ダルクの塔

ルーアン右岸駅は丘の斜面のトンネルとトンネルの間にある。駅からジャンヌ・ダルク通りをセーヌに向かって下りていってみよう。歩き始めてすぐ目に入るのは左手の大きな円形の「ジャンヌ・ダルクの塔」だ。フィリップ・オーギュスト王が一二〇四年につくったブーヴルーユ城の一部だった。ジャンヌ・ダルクが幽閉され、不正な裁判が行われた場所は近くにあったが現存しない。僧侶たちはそこで拷問をもってジャンヌを脅迫した。さらに坂道を下っていくと大時計台通りへの交差点に出る。交差点を左に曲がればノートルダム大聖堂に出る。モネはフランスで一番高い尖塔を持つ大聖堂を油彩画に描いた。木組みの家が細い道に並ぶ美しいルーアンの町は第二次大戦中に空爆で大きな被害を受けたが、大聖堂も一九四四年四月十九日に破壊され、いまだに修復作業が続いている。ジャンヌが火刑台の前で脅迫されたサントゥーアン修道院は大聖堂の北にある。

　大時計台通りを大聖堂とは逆にたどれば「旧マルシェ広場」に出る。ジャンヌが火刑になった場所だ。そこからセーヌはすぐである。ルーアンでセーヌの川幅は広い。セーヌにかかる橋のたもとに「この付近で、一四三一年五月三十日水曜日、旧マルシェでの処刑の後で、ジャンヌ・ダルクの遺灰は昔のマティルド橋の上からセーヌに投げ捨てられた」と刻まれた銘板が取り付けてある。何百年の時を隔てても胸が痛くなる。その年に生まれた詩人ヴィヨンは「ルウアンに英吉利人が火焙の刑に処したるロオレエヌの健き乙女のジャンヌ」（鈴木信太郎訳『ヴィヨン全詩集』、岩波文庫）

旧マルシェ広場

と詠っている。ジャンヌを死に陥れたのはソルボンヌの神学者や僧侶たちだが、いくら中世でも彼らは狂っていたとしか言いようがない。

英国軍に売り渡されたジャンヌは、ル・クロトアから海路をとり、ディエプに上陸してルーアンに向かった。ルーアン右岸駅からローカル線の小さな列車に乗って海岸に出てみよう。一時間で終点ディエプに到着

ジャンヌ・ダルク銘板

ディエプ城

する。ディエプは避暑地である。無数のヨットが係留された係船池に沿って駅から遊歩道が続いている。右手、係船池のはるか向こうの崖の上に教会が見える。左手には旧市街の向こうの崖の上に城が見える。ジャンヌが最後に泊まった場所だろう。海岸に出ると青い空、青い海、緑の芝生が広がっている。海は緑がかった胸がときめくような色をしている。波打ち際の遊歩道を城に向かって歩いていくと、カジノが見えるあたりに第二次大戦記念碑が立っている。美しいディエプの砂浜は悲劇の目撃者でもあったのだ。

ほとんどヨーロッパ全土がドイツに占領されていた一九四二年八月十九日夜明け前カナダ兵を主力とする連合軍六千百人がディエプ上陸作戦を敢行した。崖の上や遊歩道を見下ろす建物に待ちかまえていたドイツ軍は上陸してくる連合軍兵士を機関銃で容赦なく掃射した。ハミルトン軽歩兵隊はカジノの建物を奪取し町の中に突入してドイツ軍と激しく戦った。空中戦も激しかった。英空軍は百六機、カナダ空軍は十三機を失った。大戦中一日に失った最大の数だった。上陸作戦

ディエプ・カナダ記念銘板

は失敗した。

遊歩道の西端、城が建つ丘のふもとはカナダ広場と名づけられ、「ディエプ・カナダ記念碑」が立っている。ノルマンディーは多くのカナダ人の故地である。ケベックに植民地をつくったのはディエプの船主サミュエル・ド・シャプランだった。公園には赤い花でカナダ国旗がかたどられている。その後の崖に取り付けられた銘板には「一九四二年八月十九日、ディエプの海岸で、カナダの従兄弟たちは彼らの血で最後の解放への道を記し、一九四四年九月一日の彼らの勝利の帰還を予告した」と刻まれている。カナダ人戦死者は九百十三人にのぼる。二千人が捕虜になった。戦死者の大部分はディエプ郊外のカナダ戦没者墓地に埋葬されたが、捕虜となってルーアンで亡くなった兵士はルーアンに埋葬された。

海岸の緑の芝生と旧市街を分けるのはヴェルダン大通りである。カジノはそのほぼ西端にあるが、東端に近くブザール通りへ曲がる角にド・ブロイ家の夏の家があった。ヴェルダン大通りは当時アグアド通りと呼んでいた（現在のアグアド通りはカジノの横の短い通り）。ルイ・ド・ブロイは一八九二年八月十五日にアグアド通りで生まれた。父は名門貴族五代目ド・ブロイ公、母はセギュール元帥の孫ポリーヌ・ダルマイェだ。ド・ブロイ家の歴史を詳述することはできないが、ピエモンテのブログリア家出身のフランチェスコ＝マリアは枢機卿マザランを追ってフランスにやってきた。長男ヴィクトル＝モーリスは一七二四年にルイ十四世によって元帥に叙せられた。その息子フランソア＝マリーも一七三四年に元帥になった。裕福な船主の娘と結婚してベルネー付近に領地を得たが一七四二年に公爵となったとき城のあるシャンブレーをブロイに改めた。またフランソア＝マリーの息子二代目ド・ブロイ公ヴィクトル＝フランソアはルイ十五世によってド・ブロイ家三人目の元帥に叙せられたが財産管理人に雇ったルーアン高等法院の弁護士フランソア・メリメがフレネールの祖父にあたる。ルイ・ド・ブロイはフレネールに限りない尊敬の念を抱いていた。ド・ブロイによるフレネール伝の手稿が残っている。光の波動性を確立したフレネールと物質粒子の波動性を発見したド・ブロイは不思議な因縁で結ばれている。

ヴィクトル＝フランソアは一七五九年に神聖ローマ帝国の大公の称号を得た。革命初期にルイ十六世によって陸軍大臣に任命されたがすぐに辞任し亡命したまま一八〇四年に亡くなった。その息子シャルル＝ルイ＝ヴィクトルは革命を支持し憲法制定議会に加わり、一七九一年には議長にもなったが、恐怖政治の犠牲になり一七九四年六月二十七日に断頭台で処刑された。ロベスピエールが処刑されるちょうど一か月前である。シャルル＝ルイ＝ヴィクトルの息子レオンス＝ヴィクトル＝シャルルは三代目ド・ブロイ公となり政治家として活躍した。妻はスタール夫人の娘である。ナポレオンを支持しなかったが復古王政の反動にも反対し、ネー将軍を処刑から救おうとして果たせなかった。ルイ＝フィリップ王のもとで何度も閣僚を経験し首相にもなったがナポレオン三世には仕えなかった。晩年は哲学と文学の研究に専念しアカデミー・フランセーズ

ブロイ村ルイ・ド・ブロイ通り

ボエティー通り旧居

会員に選ばれている。ルイ・ド・ブロイの曾祖父である。

地下鉄サン＝フィリップ・デュ・ルール駅で降りてボエティー通りをしばらく行くと立派な門が残っている。母方のダルマイェ家から譲られたかつてド・ブロイ家が所有していた邸宅の門である。ブロイ城に移住したのは祖父が亡くなった一九〇一年である。ボエティー通りの邸宅は売却し少し北にあるメシーヌ広場の邸宅を購入した。一九〇六年には父が亡くなり兄モーリスが六代目ド・ブロイ公を継いだ。十七歳年上のモーリスは優れた物理学者だった。海軍士官だったが父の死後凱旋門近くのバイロン卿通りに私設実験室をつくり海軍を辞職して物理研究に専念した。X線、光電効果、電子回折などで優れた業績を残している。兄が保護者となったド・ブロイはその年にポンプ通りにあるリセー・ジャンソン・ド・サイーに入学して一九〇九年に哲学と数学で卒業資格を得た。図画と外国語が苦手科目だった。ソルボンヌで中世史を専攻して一九一〇年に学士号を得たが一九一一年には数学と物理の課程に転向した。

その年十月三十日から十一月三日までブリュッセルで第一回ソルヴェー会議が開催された。テーマは「輻射の理論と量子」だった。兄とポール・ランジュヴァンが会議録の出版を担当したからルイは会議録を出版前に読むことができた。一九一三年に理学士となり工兵隊に入ったが死ぬほど退屈した。翌年第一次大戦が始まった。ルイは無線通信の技師として勤務した。それもエッフェル塔の地下で。下士官として除隊したのは一九一九年八月末で二十七歳になっていた。除隊後兄の実験室でX線スペクトルと光電効果の研究を再開した。

ド・ブロイの革命的な考え方は一九二三年に科学アカデミー雑誌『コント・ランデュ』に発表した三つの短い論文「波と量子」、「光量子、回折、干渉」、「量子、気体運動論、フェルマーの原理」に述べられている。ド・ブロイ自身次のように要約している。「相対論的考察に霊感を受けて、第一論文で、自由粒子の運動と、私が提案したそれに付随する波の伝搬の間の、今日では有名となった関係式を設定し、この新しい考え方が原子内電子の運動に対する量子的安定条件に簡単な解釈を与えることを示した。第二論文で、私はこの考え方を光子に適用し、光子の存在と矛盾しない干渉と回折の理論を概説した。最後の第三論文で私の考え方が黒体輻射に対するプランクの法則になることを示し、解析力学におけるモーペルテュイの最小作用の原理とフェルマーの原理の間の、今では古典となった対応関係を設定し、付随する波の伝搬に適用した。」それは「アインシュタインが言うように、光子が波であり、同時に粒子であるなら、電子やその他の粒子は同時に波ではないか」という、一見単純な仮説だが、大胆で物理をひっくり返す内容を持っていた。ド・ブロイのまわりにこのような考え方を議論できる物理学者はいなかった。ド・ブロイは物理学界にジャンヌ・ダルクのごとく突如として現れた。

ド・ブロイは一九二四年十一月二十五日に博士論文

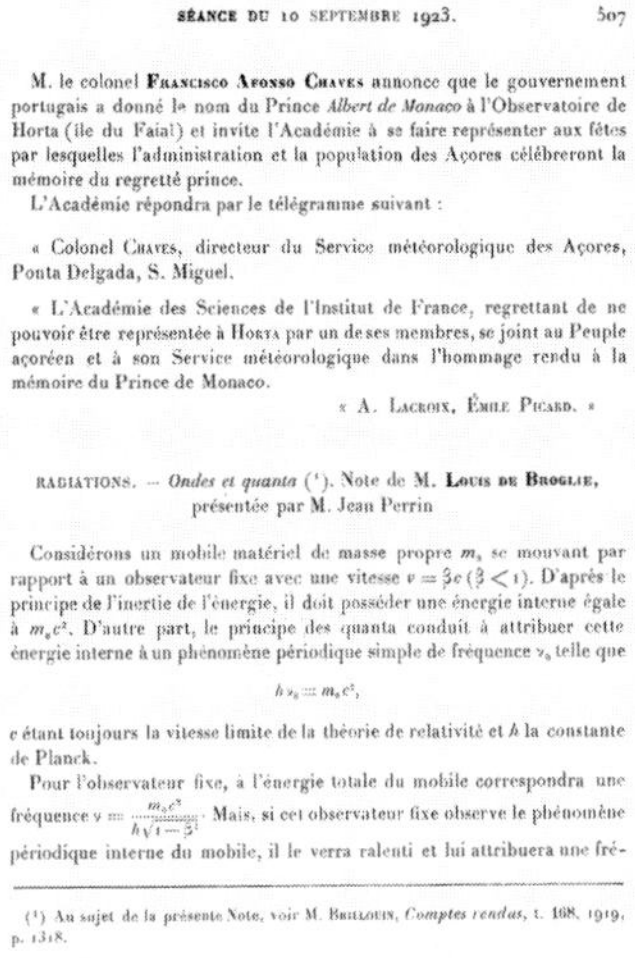

SÉANCE DU 10 SEPTEMBRE 1923. 507

M. le colonel **Francisco Afonso Chaves** annonce que le gouvernement portugais a donné le nom du Prince *Albert de Monaco* à l'Observatoire de Horta (île du Faial) et invite l'Académie à se faire représenter aux fêtes par lesquelles l'administration et la population des Açores célébreront la mémoire du regretté prince.

L'Académie répondra par le télégramme suivant :

« Colonel Chaves, directeur du Service météorologique des Açores, Ponta Delgada, S. Miguel.

« L'Académie des Sciences de l'Institut de France, regrettant de ne pouvoir être représentée à Horta par un de ses membres, se joint au Peuple açoréen et à son Service météorologique dans l'hommage rendu à la mémoire du Prince de Monaco.

« A. Lacroix, Émile Picard. »

RADIATIONS. — *Ondes et quanta* (1). Note de M. **Louis de Broglie**, présentée par M. Jean Perrin

Considérons un mobile matériel de masse propre $m_0$ se mouvant par rapport à un observateur fixe avec une vitesse $v = \beta c$ ($\beta < 1$). D'après le principe de l'inertie de l'énergie, il doit posséder une énergie interne égale à $m_0 c^2$. D'autre part, le principe des quanta conduit à attribuer cette énergie interne à un phénomène périodique simple de fréquence $\nu_0$ telle que

$$h\nu_0 = m_0 c^2,$$

$c$ étant toujours la vitesse limite de la théorie de relativité et $h$ la constante de Planck.

Pour l'observateur fixe, à l'énergie totale du mobile correspondra une fréquence $\nu = \frac{m_0 c^2}{h\sqrt{1-\beta^2}}$. Mais, si cet observateur fixe observe le phénomène périodique interne du mobile, il le verra ralenti et lui attribuera une fré-

(1) Au sujet de la présente Note, voir M. Brillouin, *Comptes rendus*, t. 168, 1919, p. 1318.

「波と量子」

ルイ・ド・ブロイ

「量子論の研究」をソルボンヌで発表した。ソルボンヌの神学者たちはジャンヌ・ダルクを死に追いやったが、ソルボンヌの教授たち、実験物理学者ジャン・ペラン、結晶学者シャルル・モーガン、数学者エリー・カルターンだけではド・ブロイを不合格にしていたかもしれない。だがコレージュ・ド・フランス教授ランジュヴァンが学外審査員に加わっていた。ランジュヴァン自身はド・ブロイの論文の意味を完全に理解したわけではないが、アインシュタインなら正しい判断ができると考えて、論文をアインシュタインのもとへ送るようド・ブロイに指示した。ランジュヴァンの判断は正しかった。アインシュタインはド・ブロイの論文の意義をただちに認めてランジュヴァンに手紙で「彼は大きなヴェイルの片端を持ち上げた」と書いてきた。アインシュタインは一九二四年と一九二五年にボースの方法を気体分子に適用した三編の論文「単原子理想気体の量子論」を書いた。アインシュタインは第二論文の中ですべての物質粒子に波が付随すると考えたド・ブロイの博士論文に言及し、「光の波動場が光量子の運動に結合すると同じように、波動場はすべての運動過程に結合しているように思われる」と述べている。ド・ブロイを引用したアインシュタインの論文を見たシュレーディンガーは霊感を受け一九二六年に波動力学を創造した。デイヴィソンとクンスマンは一九二三年に白金板によって反射した電子の角度分布が強い極大を持つことを偶然見つけていた。一九二五年にエルザッサーはこの現象をド・ブロイの仮説によって説明した。一九二七年にデイヴィソンとガーマー、ト



アンリ・ポアンカレー研究所（左頁）

INSTITUT HENRI POINCARÉ

ムソンがド・ブロイの仮説を確かめた。ド・ブロイは一九二九年にノーベル賞を受賞した。

一九二五年にハイゼンベルク、ボルン、ヨルダンが行列力学、一九二六年にシュレーディンガーが波動力学を確立し、一九二七年にはハイゼンベルクが不確定性原理を発見した。一九二七年十月に開かれた「電子と光子」を主題とするソルヴェー会議でコペンハーゲン解釈が勝利を収めた。アインシュタイン、シュレーディンガーとともに確率解釈を嫌ったド・ブロイは会議で「純粋に確率的でわれわれの知識の状態を表す連続的な波によって粒子が先導される」とする「先導波」の考え方を提唱したがパウリに一蹴された。ド・ブロイはそれ以来波動力学の決定論的解釈を完全にあきらめ、確率解釈に従っていた。「一九五一年に驚くことがあった。若い米国の理論家デイヴィド・ボーム氏が親切にも彼の論文を送ってくれた。その中で彼は一九二七年に私がソルヴェー会議で展開した先導波の理論をそのまま取り上げていた。彼は私のことを知らなかったようだが、興味ある注意、特に一九二七年にブリュッセルでパウリ氏が私に行った反論を取り除く注意を付け加えていた。」

パンテオンの南に「ピエール・エ・マリー・キュリー大学」のキャンパスがある。北東の角が「キュリー博物館」、その西隣がペランの「物理化学研究所」、さらにその西隣が「アンリ・ポアンカレー研究所」だ。ソルボンヌは一九二八年にド・ブロイのために、新設されたアンリ・ポアンカレー研究所における理論物理学助教授の職を創設した。一九三三年にはブリユアンを継いで教授に昇格し、一九六二年に七十歳で退職するまでその職にあった。また一九三三年に科学アカデミー会員に選ばれた。一九四二年には終身監事になり一九七五年に八十三歳で引退するまで在職した。ディエプの教訓を生かした連合軍が一九四四年六月六日にノルマンディーに上陸し、八月十九日にパリを解放して間もない十月にド・ブロイはアカデミー・フランセーズ会員に選ばれている。兄が一九六〇年七月に亡くなったとき七代目ド・ブロイ公を継いだ。神聖ローマ帝国大公でもある。

学士院

ド・ブロイは生涯独身だった。外国語が苦手だったせいかほとんど外国に出かけなかった。一九二八年六月に母が亡くなるとメシーヌ広場の家を売却し郊外の町ヌイー＝シュル＝セーヌのペロネー通りにある小さな家に引っ越した。南に少し行けばブローニュの森がある。ド・ブロイは車を所有せず歩くか地下鉄を使った。ヌイーから地下鉄一番線に乗りルーヴル・リヴォリ駅で降りてポン・デザールでセーヌを渡れば学士院だ。ド・ブロイは会議を一度も欠席したことはなく、夏の休暇も取らなかった。一九八一年夏の終わりに腎臓病の手術を受けたが健康は再び戻らなかった。ヌイーのアメリカ病院で数年を過ごした後、ヌイーからさらにセーヌを下った河岸にある小さな町ルヴシエンヌの医院で一九八七年三月十九日に亡くなった。九十四歳だった。葬儀はヌイーのサン＝ピエール教会でうちわだけで行われた。公式行事は学士院の葬儀だけで、ド・ブロイの死はほとんど話題にならなかった。ド・ブロイはフランス人からも忘れられていた。

地下鉄ポン・ド・ヌイー駅で降りて表通りから一本

ド・ブロイ墓碑

入った通りにヌイー旧墓地がある。訪れたのは三十八度もある真夏の暑い日だった。墓地の真ん中にある通路は並木道でかろうじて日陰になっているのだが、墓地にはまったく日陰がない。ド・ブロイの墓の番号は前もって調べておいたので安心していたのがまずかった。手帖に書いておいた番号の場所に墓がない。そのあたりを探してしばらく無駄な努力を続けたが見つからない。暑さのために目がまわってきた。あきらめるしかない。帰りかけたら墓地管理の職員を見つけた。

だがド・ブロイの名は聞いたことがないと言う。そこへ主任が通りかかった。主任はすぐにド・ブロイの墓に案内してくれた。わかりにくいはずだ。それは母方のダルマイェ家の墓で、平石に「ルイ・ド・ブロイ公一八九二—一九八七」と刻まれているだけだ。主任は数学者ロンスキーや文学者アナトール・フランスの墓にも案内してくれた。「今までたった一人のフランス人もド・ブロイの墓に来たことがないのに、日本からわざわざ来てくれたのか」と感激の面もちだ。墓地事務室で扇風機とミネラルウォーターのご馳走になった。ド・ブロイ埋葬の原簿まで見せてくれた。そしておもむろにぼくの手帖の間違いを原簿通りに丁寧に訂正してくれた。

# 西部戦線タクシーなし

デーブリーン

Wolfgang Döblin

ランベールヴィレー

ロレーヌ地方にリュネヴィルという小都市がある。ナンシーから鉄道で二十分ほどの距離だ。リュネヴィルで国鉄バスに乗り換えた。バスは一日に数本しかない。ぼく以外に乗客がいないバスは廃線となった鉄道に沿って緑いっぱいの田園の中を走っていく。五十分で終点ランベールヴィレーに着いた。時代に取り残されたような古びた小さな町だ。目的は郊外にあるウスラーという村を訪ねることだが、ほとんど人通りがなく、どの方向にあるか訊く人もいない。窓から通りを見下ろしている女性を見つけた。「この町にタクシーはありますか?」「ノン。」実に簡潔な答だ。メルシー。「ひもじさと寒さと恋と比ぶれば恥ずかしながらひもじさが先」というのがわが家の家訓だ。一軒しかあいていない食堂に飛び込んでムニューを注文した。ウスラーまでの距離を訊くと「五キロぐらいね」ということだ。そのくらいなら蒲柳の質のぼくでも何とかなりそうだ。教えられた道を歩き始めた。町をはずれると森と畑と野原しかない。ボンジュール。挨拶の相手は牛ばかりだ。太陽が照りつける暑い日である。口の中がからからにかわいてきた。東京の飲料自動販売機が懐かしい。

もう五キロは来たはずと思っていたら分かれ道に出た。ウスラーまで三・五キロと書いてある。冗談じゃないよ。だが「デーブリーンの家」と書いた小さな標識を見て気を取り直した。二時間半でふらふらになってウスラーに着いた。老婦人に道を訊ねた。「デーブリーンの家はどこでしょうか?」「デーブリーン?知らないねえ。」「あのー、この村で亡くなった数学者

ウスラーまで三・五キロ

デーブリーンのことですが。」「ああドブランのことね。そう言えばいいのに。この先をまっすぐ行って右に上ったレ・オ・プレ通りにあるわよ。」レ・オ・プレというのは高い場所にある野原のことではないか。帰りのバスの時間が……蒲柳の質で……などと言っている場合ではない。やがて小さな広場に出た。「アルフレート・デーブリーン広場」になっている。さらにしばらく行くと教会に出た。石工がぼろぼろになった階段を修理している。階段の右の壁に「医師・文学者アルフレート・デーブリーン（一八七八―一九五七）はその妻とともに、フランスのために死んだ彼らの息子ヴァンサンのそばのこの場所に眠る」と刻まれた銘板が取り付けてある。

教会を過ぎてレ・オ・プレを目指した。だがいつのまにか村はずれに出てしまった。近くの家の中に老婦人を見かけたので窓をたたいて道を訊いたら、わざわざ案内してくれた。レ・オ・プレといっても恐れることはなかった。レ・オ・プレに向かう道にあるということだったのだ。広場のはずれにその家はあった。

アルフレート・デーブリーン広場

「天才数学者ヴァンサン・ドブランは一九四〇年六月二十一日に二十五歳でここで死んだ」と書かれた銘板が壁に取り付けてあった。

　アルフレート・デーブリーンはユダヤ人医師で、ドイツ文学史上指折り数えられるドイツ表現主義の大作家である。第二次大戦後ポーランド領シュチェチーンとなったオーダー河畔のシュテティーンで生まれた。戦災で破壊された町だ。河岸にあった生家は残っていないが住んだ家はシュテティーン城の下の通りに現存

ウスラーの教会

シュテティーン旧居

する。銘板にポーランド語とドイツ語で「ボルヴェルク三十七番で生まれた有名な作家で、小説『ベルリン・アレクサンダー広場』の著者アルフレート・デーブリーンはこの場所に住んだ」と書かれている。青とピンク色に塗られた壁を忘れられない。

ヴォルフガング・デーブリーンは第一次大戦中の一九一五年三月十七日にベルリンで生まれた。父アルフレートは志願して軍医となりザールゲミュント、ついでハーゲナウの陸軍病院に勤務した。母エルナは六月十七日に息子二人を連れて父のもとに赴いた。一家がベルリンに戻ったのは戦後の一九一八年十一月である。アルフレートが一九二九年に発表し一躍ベストセラーになった『ベルリン・アレクサンダー広場』はナチの足音が近づいてくる不安な時代を描いた小説だが、その不安は現実の恐怖になった。ベルリンの大通りカイザーダムに面するデーブリーン一家のベルリン最後のアパートには「作家、劇作家、随筆家アルフレート・デーブリーンは一九三〇年から一九三三年までこの家で住み医師として開業した。国会議事堂火災の翌日ヒトラー・ドイツから亡命した。小説『ベルリン・アレクサンダー広場』を含む彼の作品は焚書の犠牲になった」と書かれている。ナチが国会議事堂を炎上させた翌日一九三三年二月二十八日にアルフレートはベルリンを脱出した。

ギムナジウムを修了するまでベルリンに残ったヴォルフガングも間もなく一家とともにチューリヒを経て七月にパリに移った。十月にソルボンヌ大学数学科に進学し、一九三五年十一月、公式には翌年一月にモーリス・フレシェーのもとで確率過程の研究を始めたがたちまちのうちに頭角を現した。当時アンリ・ポアンカレー研究所は確率論の中心地だった。ポール・レヴィーとも共同研究を始めた。レヴィーは「彼は教師を必要としない人たちの一人であることがすぐわかった」と言っている。一九三六年六月には最初の短信を科学アカデミーに提出した。若手に辛辣で共著を書くことがなかったレヴィーが共著者になった。

一九三六年十月十六日に一家全員がフランス国籍を取得した。ヴォルフガングが名前をヴァンサンと変えたのはこのときだが論文に使う名前は変えなかった。一九三八年三月二十六日に学位論文を発表し博士号を得た。まだ二十三歳だった。十一月三日に召集を受けたが、学位の特権を使うことを拒否し一兵卒として兵役についた。翌年九月第二次大戦勃発とともに総動員令で軍にとどまり、アルデンヌ地方ベルギー国境の村セシュヴァルに通信兵として配備された。その年の十一月には鬱状態を吹っ切るために夜間勤務の合間にわずか一時間足らずの暇を見つけて数学に没頭した。そ

ベルリン旧居

して買ってきた生徒用演習帳に「コルモゴロフ方程式について」という論文を書き始めた。

ブラウン運動の研究は一九〇五年のアインシュタインと翌年のスモルコフスキーの論文に始まる。一九二八年にチャプマンが物理的な考察で、一九三一年にはコルモゴロフが数学的に厳密に、スモルコフスキー方程式を一般化した確率過程の方程式を導いた。コルモゴロフはその論文でバシュリエの論文を引用していた。バシュリエは一九〇〇年にソルボンヌで「投機の理論」（と流体中の球の運動を論じた論文）によって学位を得た。審査員のポアンカレーが高く評価したその論文はアインシュタインとスモルコフスキーを先取りするブラウン運動の論文だった。水面に浮かぶ微粒子は水分子のゆらぎによってランダムな力を受けてジグザグ運動をする。債券市場の債券の価格もランダムな売買によって変動する。ランダムウォーク、酔歩蹣跚だ。バシュリエの論文にはコルモゴロフ方程式が書かれていた。

ルイ・バシュリエは一八七〇年にワイン商の父と銀行家の娘を母としてル・アーヴルに生まれたが、一八八九年に立て続けに両親を失った。ソルボンヌに入学したのは一八九二年になってからである。一九〇〇年に学位取得後一九〇九年から五年間ソルボンヌで無給の講師をした。一九一二年に恩師ポアンカレーを失っている。研究職を初めて得たのは一九一九年でブザンソンの非常勤講師になったが四十九歳になっていた。その後ディジョンとレンヌで非常勤講師を続けた。一九二六年にディジョンの教授職に応募したとき採用されなかった。審査委員の問い合わせにレヴィーがバシュリエの論文は間違っていると答えたからである。バシュリエは五十六歳になっていた。生涯主要大学に職を得ることはなく、翌年ブザンソンで得た教授職を定年の一九三七年まで続け一九四六年に亡くなった。コルモゴロフの論文にバシュリエの論文が引用されていることを見たレヴィーは自分の非を認め謝罪したので二人は和解したが、バシュリエの業績が認められるようになったのは一九六〇年代になってからで、アインシュタインは生涯バシュリエの名前を聞くことはなかったろう。

戦争は悪い方向に向かっていた。一九四〇年一月二十五日ヴォルフガングの二九一歩兵連隊は列車でリュネヴィル西方にあるロジエールに移動し、凍るような寒さの中でリュネヴィル北方の小さな村アティアンヴィルまで二十キロを行軍した。ヴォルフガングは雪が吹き込む暖房のない屋根裏部屋に寝泊まりしたが、夜間勤務の間に研究を続けた。やがて連隊はザール地方の前線に配置された。幼い頃ドイツ軍の軍医として勤務する父のもとで過ごした場所だ。ドイツ軍は六月十四日からザール地方を猛攻撃した。制空権のないフランス軍は退却を始めた。ヴォルフガングの連隊は十九日にリュネヴィル東方でドイツ軍の包囲をくぐって南に退却した。だが翌日の夜には降伏が迫った。ヴォルフガングには、捕虜になったとき、ユダヤ人でマルクス主義者では生き残る道がないことが明白だった。連隊を離れたヴォルフガングは夜どおし歩き続けてウスラーにたどり着いたが、村はすでにドイツ軍に包囲されていた。ヴォルフガングはレ・オ・プレ通りの農家の台所で書類を焼却し、納屋で頭を打ち抜いて自殺した。

ヴォルフガング・デーブリーン

その夜ヴォルフガングは棺も墓標もなく、ほかの戦死者とともに埋められた。ただ一人の親友マリー＝アントアネット・ボドー（結婚後トヌラー）はドイツ占領地域でヴォルフガングの行方を必死で探し続けた。一九四四年四月十九日に遺体が確認されていたことを知ったのは戦後になってからである。彼女は一九一二年生まれでヴォルフガングの三歳年上だがヴォルフガ

レ・オ・プレ通り

ングと同じ時期にアンリ・ポアンカレー研究所のド・ブロイのもとで大学を修了、一九四一年に同じくド・ブロイのもとで、リーマン空間における光子理論によって学位を取得し、後にド・ブロイの後任となった理論物理学者で、ぼくも彼女の書いた相対論や統一場の理論の著書を持っている。

パリ十四区、地下鉄ムトン＝デュヴェルネー駅で下りて表通りから入った袋路アンリ・ドロルメル・スクアルの建物に「ナチズムを逃れたドイツ作家アルフレート・デーブリーンは家族とともに一九三四年から一九三九年までこの建物に住んだ。確率解析の先駆的数学者、その息子ヴォルフガング・デーブリーンはドイツ国防軍に追いつめられ、一九四〇年六月二十一日に二十五歳でウスラー（ヴォージュ県）においてフランスのために死んだ」と書かれた銘板が取り付けてある。ソフィー・ジェルマン通りのすぐ近くだ。ヴォルフガングの家族は、ヴォルフガングの運命を知らずに、一九四〇年に米国に亡命した。アルフレート・デーブリーンは戦後一九四九年十一月にドイツでパリからの逃

ヴォルフガング終焉の地

亡を書いた『宿命の旅』を出版した。その中で、ヴォルフガングの消息を聞いたときの衝撃を伝えている。「そして、やっと、やっと私たちの息子、私たちがヴァンサンと呼んでいたヴォルフガングの消息を受け取った。私たちは何年も彼から手紙を受け取っていなかった。彼は捕虜になったのだと思っていた。妻はいつも彼のことを頭に浮かべて捕虜援助基金に寄付していた。フランスが解放されて手紙が届くようになった。フランスでは彼を捜し続けていたのだ。彼の行方はまったくわからなかった。そのとき、彼の学校友達である少女が書いた手紙が届いた。その手紙が光をあてた。それは家を直撃した雷光だった。彼の墓はヴォージュの山の中にあった。一九四〇年六月、まさに六月二十一日に敵との戦闘で死んでいた。それは妻と私がロデスで互いを見失った『宿命』の日だった。彼女は私を捜して南に向かう途中で、私は暗く執拗な北への旅を続けていた。」

　アルフレートは戦後ドイツに戻ったが受け入れられず、傷心を抱いて一九五三年にはパリに舞い戻った。

だがほとんど目が見えなくなり、パーキンソン病で麻痺状態になったので二年後に再びシュヴァルツヴァルトの病院で治療を受けるようになったが一九五七年六月二十六日にフライブルク近くのエメンディンゲンの病院で、忘れられた作家として亡くなった。二日後に息子ヴォルフガングの墓の右側に埋葬された。母エルナは九月十四日にパリのグルネル大通りにある自宅で自殺した。母も息子の左側に埋葬された。ヴォルフガングの墓石には「数学者」ではなく「二九一歩兵連隊ヴァンサン・ドブラン」と書かれている。

ヴォルフガングの研究期間は実質二年だが十三編の論文と十三編の短信を公表している。それだけでもヴォルフガングはコルモゴロフ、ヒンチン、レヴィーと並び称されていた。だがヴォルフガングの業績はそれだけではなかった。パリ科学アカデミーには「プリ・カシュテ」という制度がある。何らかの事情で論文公表が不可能な状況にある著者が封印した論文を科学アカデミーに預ける制度でベルヌーイの時代から存在する。著者または親族からの要求がなければ百年後に開封されることになっている。ヴォルフガングは一九四〇年二月二十六日にアティアンヴィルから論文「コルモゴロフ方程式について」を封印文書として提出していた。手元に参考文献がないため論文を完成できなかったからである。

ヴォルフガングの指導教官フレシェーは一九七三年に亡くなった。パリ第五大学のベルナール・ブリューがフレシェーの遺品を調べたとき、封印文書を科学アカデミーに送ったことを知らせる一九四〇年三月十二

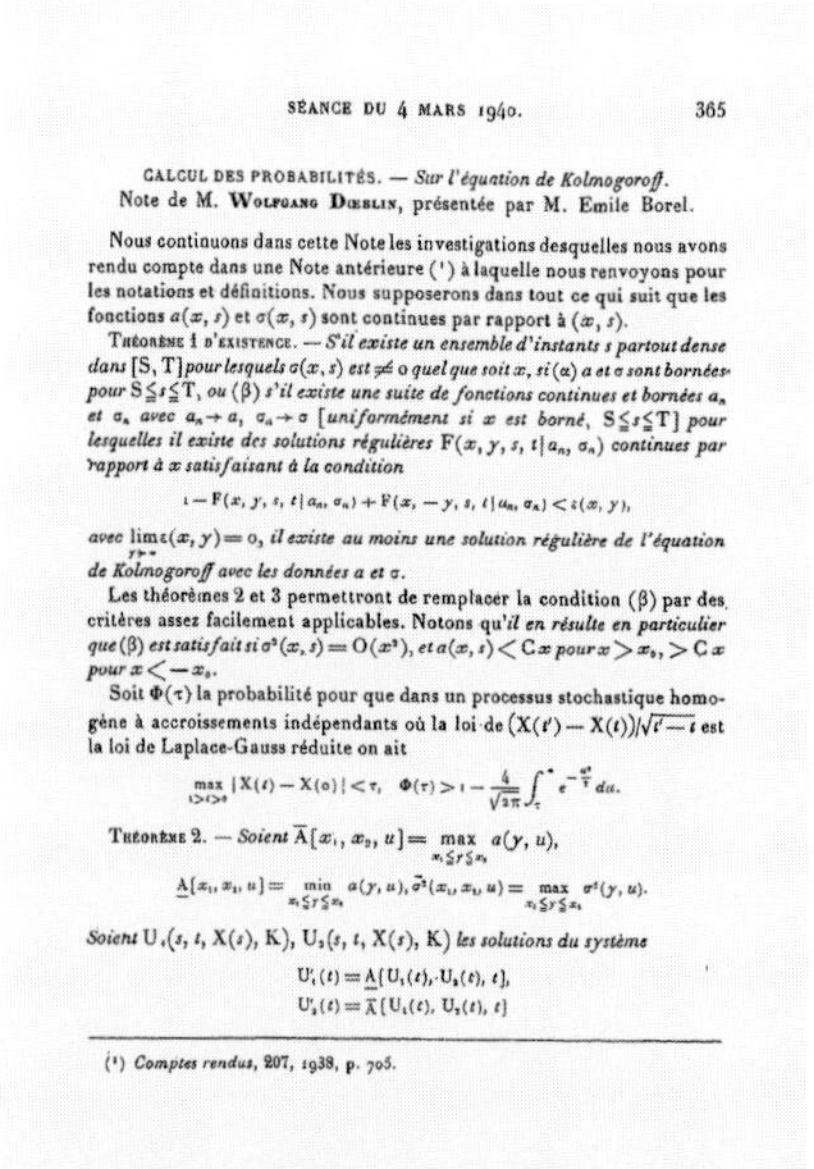

SÉANCE DU 4 MARS 1940. 365

CALCUL DES PROBABILITÉS. — *Sur l'équation de Kolmogoroff.* Note de M. **Wolfgang Dœblin**, présentée par M. Emile Borel.

Nous continuons dans cette Note les investigations desquelles nous avons rendu compte dans une Note antérieure (1) à laquelle nous renvoyons pour les notations et définitions. Nous supposerons dans tout ce qui suit que les fonctions $a(x, s)$ et $\sigma(x, s)$ sont continues par rapport à $(x, s)$.

Théorème 1 d'existence. — *S'il existe un ensemble d'instants s partout dense dans* $[S, T]$ *pour lesquels* $\sigma(x, s)$ *est* $\neq 0$ *quel que soit x, si* (α) *a et σ sont bornées pour* $S \leqq s \leqq T$, *ou* (β) *s'il existe une suite de fonctions continues et bornées* $a_n$ *et* $\sigma_n$ *avec* $a_n \to a$, $\sigma_n \to \sigma$ [*uniformément si x est borné*, $S \leqq s \leqq T$] *pour lesquelles il existe des solutions régulières* $F(x, y, s, t \mid a_n, \sigma_n)$ *continues par rapport à x satisfaisant à la condition*

$$1 - F(x, y, s, t \mid a_n, \sigma_n) + F(x, -y, s, t \mid a_n, \sigma_n) < \varepsilon(x, y),$$

*avec* $\lim_{y \to \infty} \varepsilon(x, y) = 0$, *il existe au moins une solution régulière de l'équation de Kolmogoroff avec les données a et σ.*

Les théorèmes 2 et 3 permettront de remplacer la condition (β) par des critères assez facilement applicables. Notons qu'*il en résulte en particulier que* (β) *est satisfait si* $\sigma^2(x, s) = O(x^2)$, *et* $a(x, s) < Cx$ *pour* $x > x_0$, $> Cx$ *pour* $x < -x_0$.

Soit $\Phi(\tau)$ la probabilité pour que dans un processus stochastique homogène à accroissements indépendants où la loi de $(X(t') - X(t))/\sqrt{t' - t}$ est la loi de Laplace-Gauss réduite on ait

$$\max_{1 > t > 0} |X(t) - X(0)| < \tau, \quad \Phi(\tau) > 1 - \frac{4}{\sqrt{2\pi}} \int_{\tau}^{\infty} e^{-\frac{u^2}{2}} du.$$

Théorème 2. — *Soient* $\overline{A}[x_1, x_2, u] = \max_{x_1 \leqq y \leqq x_2} a(y, u)$,

$$\underline{A}[x_1, x_2, u] = \min_{x_1 \leqq y \leqq x_2} a(y, u), \ \overline{\sigma}^2(x_1, x_2, u) = \max_{x_1 \leqq y \leqq x_2} \sigma^2(y, u).$$

*Soient* $U_1(s, t, X(s), K)$, $U_2(s, t, X(s), K)$ *les solutions du système*

$$U'_1(t) = \underline{A}[U_1(t), U_2(t), t],$$
$$U'_2(t) = \overline{A}[U_1(t), U_2(t), t]$$

(1) *Comptes rendus*, 207, 1938, p. 705.

短信「コルモゴロフ方程式について」

ウスラー遠望

日付のヴォルフガングの手紙が出てきた。ヴォルフガングの弟クロードの同意を得て二〇〇〇年五月十八日に封印文書が開封された。ブリューとピエール・エ・マリー・キュリー大学のマルク・ヨールが解読して印刷公表された論文の内容は驚くべきものだった。それは二十年以上も時代を先取りしていた。ヴォルフガングと同年齢の伊藤清は一九四二年に、コルモゴロフの問題を解くために、「確率積分」を導入し、「確率微分方程式」を用いる「伊藤解析」を創始した。一九五一年には基本となる「伊藤公式」を発見した。普通の粒子の運動ならその速度を積分すれば位置座標を計算できる。だがランダムな運動をする粒子の位置座標には時間に関する微分係数が存在しない。確率積分はジグザグ運動の積分を可能にし、したがって位置座標の微分形式を与えることができる。ブラウン運動の微積分学が確立した。ヴォルフガングの封印文書にはその先駆となる式が書かれていた。

ヴォルフガングの封印文書のことは知人のフランス人女性が教えてくれた。『封印された手紙』というラ

水を下さい！

ジオ番組を聴いたとき、これはコーイシに知らせなきゃ、と思ったのよ。」ぼくの名前はコーイシではなくコーイチなのだが……。ヴォルフガング終焉の地を見届けて念願を果たした。案内してくれた老婦人に訊いた。「この村にタクシーありますか？」「ノン。」「カフェありますか？」「ノン。」時計を見るとランベールヴィレー最終バス発車まで二時間しかない。大変だ。オ・ルヴォアール！ 歩いてきた道を駆け足でとって返すのはつらい。水を飲まないのはもっとつらい。息も絶え絶えにランベールヴィレーの町はずれに着くとバーに飛び込んだ。「水、水を下さい！」駆け付け三杯だ。ウスラーまで歩いて往復したと聞いた女主人がびっくりして「水はただよ」と言ってくれた。

# 元祖だめんず・うぉ〜か〜

デュ・シャトレー

*Émilie du Châtelet*

バル・シュル・オーブ

女性は苦手だ。女たらしになろうと、ドンファンやカサノーヴァについて猛勉強したというのに、「太田君は絶対安全っていう感じね」と女性に言われたことがある。無念だ。カサノーヴァもそうだが、十八世紀には女たらし、ヴェール・ギャランがあふれていた。その時代に生きた女性物理学者を紹介しよう。

旧東部鉄道はパリ東駅とバーゼルを結ぶ幹線だがいまだに電化されていない。その真ん中あたりのシャンパーニュ地方にバル・シュル・オーブという小さいが魅力的な町がある。セーヌ支流オーブ河畔の町だ。パリからは一日に数本の列車が出ているがバーゼルからは一日に一本しかない。しかも途中のショーモンで二時間の待ち合わせだ。バル・シュル・オーブはショーモンから二十分の距離だが、ショーモンも魅力的な町だから二時間を有効に使うことができる。駅長が「散歩するんだろ」と言って荷物を預かってくれた。

バル・シュル・オーブ市庁舎のあるオーブ通りに郵便局がある。何の表示もないので見過ごしてしまうが、十八世紀のシュルモン邸だ。ジャンヌ・ド・ヴァロ

郵便局（旧シュルモン邸）

ア・サンレミーはこの屋敷でクロース・ド・シュルモン夫人の甥ニコラ・ド・ラ・モットに出会った。ジャンヌは一七八〇年にニコラと結婚してラ・モット伯爵夫人を名乗り、ブルボン王家を滅亡に導く事件を引き起こすことになる。ジャンヌは、最高位の聖職者、大金持ち、女たらしで世俗的な欲望しかないストラスブール大司教ルイ・ド・ロアン枢機卿から大金をまきあげた。ツヴァイク（高橋禎二・秋山英夫訳『マリー・アントアネット』、岩波文庫）を引用すると「この放縦な時代においては、無思慮軽率なのは、支配者や王侯や大司教ばかりではない、ペテン師もまたそうなのだ。素晴らしい庭園と豊かな畑の付属したバル・シュール・オーブの別邸が急いで買われる。黄金の食器で食事をし、水晶の盃で酒を飲む。この粋な別邸で賭博を開帳し音楽会を催す。最高級の社交界の人々が、ヴァロア・ド・ラ・モット伯爵夫人にお近付を得る名誉を求めてつめかける。こういう椋鳥どものいる世の中というものは何という素晴らしさだ！」別邸がどこにあったかつきとめることはできなかったが、バル・シュル・オーブの町を散歩していると、「私はワイン商で息子は市長をしている」という人が歴史的な建物に案内してくれたり、「日本人は生まれて初めて見た」という人がコーヒーに誘ってくれたりした。

やがてジャンヌはロアン枢機卿をペテンにかけて、百六十万リーヴル、二百億円というとんでもない首飾りをだまし取った。「彼ら夫妻がバル・シュール・オーブの立派な邸宅に移転した時、最近大急ぎで買い集めた贅沢品を運ぶのに、四十二台を下らざる馬車が必要であったほどである。バル・シュール・オーブの人たちは、千一夜物語にでもでて来そうなお祭騒ぎを経験する。……こんな財産は、小さなバル・シュール・オーブではお目にかかったこともなく、やがてその魔力を発揮する。近隣の全貴族が邸宅へなだれ込み、ここで催されるルクルス風の贅をつくした饗宴を楽しむ。」

一七八五年に起こったあまりにも有名な「首飾り事件」を説明する必要はないだろう。マリー＝アントアネットの致命的な失敗はこの事件を裁判にかけたことだ。このとき彼女の意を受けてロアン枢機卿を有罪にするよう高等法院に圧力をかけたのが宮内大臣ド・ブルトゥーユ男爵ルイ＝オーギュスト・ル・トヌリエである。男爵は一七八九年七月十二日にルイ十六世の最後の宰相に任命されたが二日後にバスティーユが襲撃されたためパリを逃れ、国外から王室を援護した。国王一家逃亡を計画したのもこの男爵である。こうしてみるとブルトゥーユ男爵は頑迷な王党派と思ってしまうが、実際は人道主義的、進歩的な考えを持った人だったようだ。検閲制度をゆるめ、病院や牢獄の改革を行っているし、科学に興味を持ち科学アカデミー会員になっている。パリ天文台長カッシーニ四世の要請を国王に取り次いで天文台の資金を捻出した。この男爵の叔母がエミリー・デュ・シャトレーである。

ガブリエル＝エミリー・ル・トヌリエ・ド・ブルトゥーユは一七〇六年十二月十七日にパリで生まれた。生まれた家ははっきりしないが、少女時代を過ごしたアパルトマンはヴォージュ広場（当時の「王の広場」）

ヴォージュ広場旧居

エミリー・デュ・シャトレー

十二番に現存し小学校として使われている。ユゴーが住んだ六番のならびだ。父ルイ＝ニコラは宮廷における外国大使先導者の職にあった。もとプレイボーイの父は五十八歳で生まれたエミリーを溺愛し、当時男でも受けられない最高の教育を受けさせた。エミリーは十二歳までにラテン語、イタリア語、ギリシャ語、ドイツ語を流暢に話し、数学、文学、科学の教育を受け、ダンス、音楽、演劇を愛した。十歳になると父のサロンに出席を許され、フォントネルから物理と天文学の教えを受けている。ヴォルテールと最初に出会ったのも父のサロンである。

　エミリーは一七二五年六月二十日にデュ・シャトレー侯爵フロラン＝クロードと結婚した（シャトレーの綴りはChastelletでエミリーの論文の著者名もそうなっている。現代の表記Châteletは、パリのメトロ駅名もそうだが、ヴォルテールに由来する）。居城はブルゴーニュ地方のスミュール・アン・オソア旧市街に現存するが、現在は病院として使われている。エミリーは二人の子供を出産するとパリに出て放蕩生活に夢中になる。最初の恋愛の相手は名だたる女たらしゲブリアン伯爵である。エミリーは自殺騒ぎまで起こした。次の相手リシュリュー公も札付きの女たらしだが別れた後も交流は続いた。エミリーが数学や物理の家庭教師を雇って勉強を始めたのもリシュリュー公の忠告による。リシュリュー公の住居もヴォージュ広場二十一番にあった。リシュリュー公は革命の前年に亡くなり、ドンファンの盛名を全うした。

　エミリーが再びヴォルテールと出会ったのは二度の

シレー城

失恋を経て三人目の子供を出産した後の一七三三年春のことである。エミリーはヴォルテールに紹介された数学者モーペルテュイに夢中になった。モーペルテュイは現代の物理教科書でも最小作用の原理の嚆矢となった「オイラー・モーペルテュイの原理」に名を残しているが、デカルトの渦動説に抗して、ニュートン理論をフランスで受け入れさせるために戦っていた。ヴォルテールもニュートン主義者の陣営に加わった。モーペルテュイもまた女たらしである。いったんはエミリーを誘惑したが、一途につきまとうエミリーに辟易して逃げ腰になる。ヴォルテールの筆禍事件が起こったのはその頃である。『哲学書簡』が焚書処分となり逮捕状が出た。エミリーはロレーヌ公国境に近い城をヴォルテールに提供した。

バル・シュル・オーブの北東にシレー・シュル・ブレーズという小さな村がある。鉄道もバスもないからタクシーを頼むしかない。ぶどう畑や森やなだらかな丘陵の中の細い道を二十キロほど行くとブレーズ河畔の丘の上に緑に包まれたシレー城がある。ヴォルテー

シレー城入口

ルは荒廃した城を改築した。城に近づいてすぐ気づくのがヴォルテールのつくった入口だ。上部に「神はわれらにこの時をつくり給う」と刻まれている。エミリーの部屋は彼女が好きだった青色と黄色で統一されている。屋根裏部屋に小さな劇場まである。ガイド嬢がフランスで最古の劇場だと説明していた。

モーペルテュイを諦めたエミリーが合流して二人の共同生活が始まった。ヴォルテールは『回想録』（福鎌忠恕訳、大修館書店）の冒頭に「私は退屈で騒々しいパリの生活や、小才子の群れや、国王の承認と認可を得て出版されている下らない書物や、文人たちの策謀や、文学を汚している小人たちの下劣さと盗賊的行為に嫌気がさしていた。一七三三年のこと、私はある若い貴婦人と知り合いになったが、この婦人もほぼ私と同じような考えを抱き、世の喧噪を離れて心を養うために、数年の間地方に退くことを決意した。それはデュ・シャトレ侯爵夫人で、フランスの女性のうち、あらゆる科学に対して最も豊かな天分を備えている婦人であった。……モーペルテュイはジャン・ベルヌーイと一緒にやって来たが、そのとき以来、世にも嫉妬深く生まれついていたモーペルテュイという男は、その身から一生涯離れなかったこの嫉妬という情熱の対象に私をしたのであった」と書いているがかなり粉飾がある。

科学アカデミーは一七三六年に「火の性質と伝搬」に関する懸賞論文を公募した。ヴォルテールは火が重さを持つ粒子からなり万有引力の法則に従うと考え、シレー城で実験を始めた。エミリーは実験を手伝いながらヴォルテールに疑問を持ち、ヴォルテールには内緒で自分でも応募することに決めた（夫には秘密を打ち明けた）。二人はともに落選したが、ヴォルテールは、エミリーの論文を印刷するよう科学アカデミーに求めた。オイラーを含む三人の受賞者に並んでエミリーとヴォルテールの論文が印刷された。印刷に際してエミリーは正誤表をつけた。

エミリーはその論文で、「物体の力の効果が質量と速度の積」なら太陽光線は大砲と同じ効果を持ち一瞬の光は全宇宙を破壊してしまうから光には重さがない、と論じている。その脚注に「ライブニッツ氏のように物体の力が質量と速度の二乗の積であったとしてもそうである」と書いた。ところが、原文では「〔メランがライブニッツの活力説を否定した〕感嘆すべき論法がなければまだそれを信じているように」としていたのを、正誤表では「感嘆すべき論法にもかかわらず学界の大部分がまだそれを信じているように」と変更しライブニッツ説への転向を表明した。またエミリーはこの論文で太陽光線の異なる色は異なる熱を運ぶと考えた。ヴォルテールに隠れてでは実験できなかったが、一八〇〇年にハーシェルがそれを実行し赤外線を発見する。プランクが輻射公式を発見するまでさらに一世紀を必要とした。

エミリーは一七四〇年に教科書『物理学教程』を出版した。それは息子フロラン＝ルイに語りかけるというかたちで書かれているが、誰にも負けない膨大な知識を駆使し、ニュートンに固執するヴォルテールとは

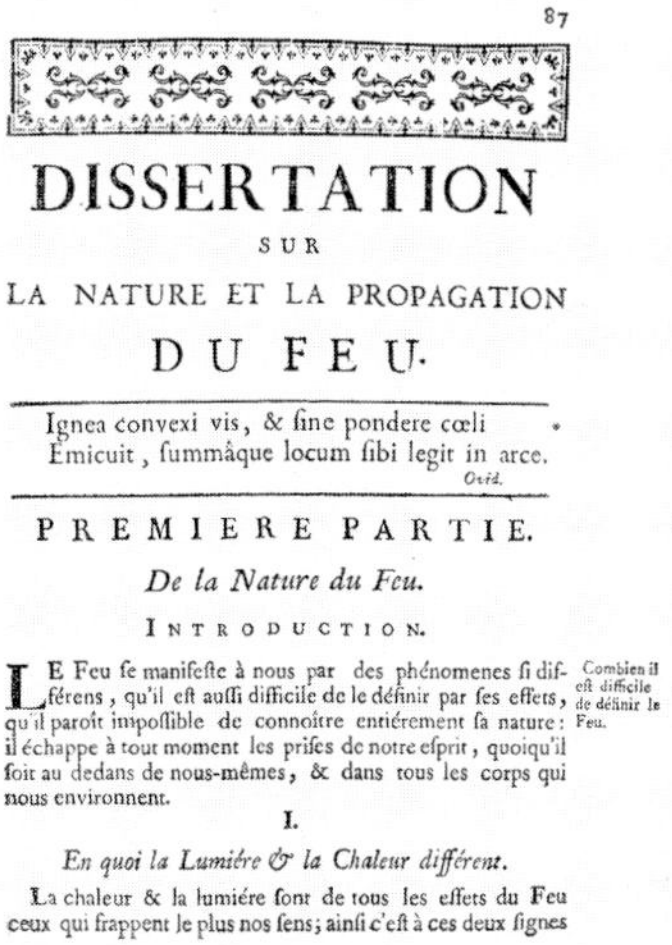
87

DISSERTATION
SUR
LA NATURE ET LA PROPAGATION
DU FEU.

Ignea convexi vis, & sine pondere cœli
Emicuit, summâque locum sibi legit in arce.
Ovid.

PREMIERE PARTIE.

De la Nature du Feu.

INTRODUCTION.

LE Feu se manifeste à nous par des phénomenes si différens, qu'il est aussi difficile de le définir par ses effets, qu'il paroît impossible de connoître entiérement sa nature: il échappe à tout moment les prises de notre esprit, quoiqu'il soit au dedans de nous-mêmes, & dans tous les corps qui nous environnent.

Combien il est difficile de définir le Feu.

I.

En quoi la Lumiére & la Chaleur différent.

La chaleur & la lumiére sont de tous les effets du Feu ceux qui frappent le plus nos sens; ainsi c'est à ces deux signes

「火の性質と伝搬に関する論文」

ランベール館

異なり、デカルト、ニュートン、ライブニッツを総合したもので、ライブニッツの体系を自分自身の言葉で詳説した。最終章ではライブニッツの活力説を擁護し、フォントネルを継いで科学アカデミー終身監事になったメランを攻撃して喧嘩を売った。メランの友人でライブニッツを認めないヴォルテールを困らせている。ヴォルテールはエミリーの著書を批判しているが、ヴォルテールはもはやエミリーに太刀打ちできなくなっていた。

レイドラーは「彼女はヴォルテールの情婦であったために悪名高かった」（寺嶋英志訳『エネルギーの発見』、青土社）と言っているがとんでもない誤解だ。エミリーはいかなるものにも束縛されない自由な精神を持っていた。それは学問にも恋愛にも当てはまる。エミリーはフリードリヒ大王に宛てて次のように書いている。「私自身の長所、あるいは短所によって私を評価して下さい。この偉大な将軍あるいはあの高名な学者、フランスの宮廷で輝くこの星あるいは名声あるあの著者の、単なる添え物として私を見ないで下さい。

リュネヴィル城

私は、私自身だけで、私の全存在、私の全言動、私の全行為にのみ私自身に責任を負う一人の人間です。私よりも偉大な形而上学者あるいは哲学者がいるかもしれません。もっとも私は会ったことはありませんが。それでも彼らもまたひ弱な人間であり、欠点を持っています。ですから私の長所すべてを数え上げれば私は誰にも負けないと自負しています。」

パリに現存するエミリーの住居の一つはサン・ルイ島のランベール館だ。一七三九年に購入した。ついでだが隣のシテ島のポン・ヌフ広場にはアンリ四世の騎馬像が立っている。そこから階段を下りるとヴェール・ギャラン広場、女たらし広場だ。アンリ四世はその生涯に愛人が五十人以上いたという忙しい人だった。

エミリーとヴォルテールは一七四八年にロレーヌ公スタニスラスからリュネヴィルに招待された。ルイ十五世は義父でフランスに亡命したポーランド王スタニスラスに一代限りでロレーヌ公国を与えた。ロレーヌ公フランソアがハプスブルク家に婿入りしてロレーヌ公国をルイ十五世に譲ったからである。マリー＝アン

運河から城を望む

トアネットの父だ。リュネヴィル城は二〇〇三年一月二日に一部が焼失し修復中だが昔の面影を偲ぶことができる。運河沿いの公園と城のシルエットが美しい。エミリーはこの公園で恋の相手に出会った。ややこしいが、スタニスラスの愛人ブフレール夫人の愛人サン＝ランベール侯爵、またもや女たらしの登場だ。やがてエミリーは妊娠したことに気づく。エミリーは死を賭してニュートンの『プリンキピア』翻訳と注釈を完成させるために全身全霊を捧げた。五月十八日パリのトラヴェルシエール通りの住居（通りも住居も残っていない）からサン＝ランベールに宛てて次のように書いている。「私のニュートンのせいで私を責めないで下さい。私はそのせいで十分罰せられています。ここに残ってそれを完成させる以上に理性に対する大きな犠牲を払ったことはありません。……私は九時、ときには八時に起床します。三時まで仕事し、それからコーヒーを飲みます。四時に仕事に戻り、十時にやめて少しだけ食事をします。私と夕食をとりに来るド・ヴォルテール氏と夜中まで話をし、そして夜中にはま

ボスケ庭園

た仕事にとりかかり、朝の五時まで続けるのです。……私はこうしなければならないのです。そうしないと、お産の床で死ねば私は苦心の果実を失ってしまいます。……私はあなたと分かちあうこと以外何も愛していません。少なくとも私はニュートンを愛していません。私は理性と名誉のためにこれを完成させますが、私はあなたしか愛していません。」数学者クレローがエミリーを助けた。微積分にはライプニッツによる現代の記法を使っている。

エミリーは出産のためリュネヴィルにおもむいた。夫、ヴォルテール、サン＝ランベールが付き添った。エミリーは一七四九年九月四日に出産、十日に亡くなった。行年四十二歳。旧市街にあるサンジャック教会に入ると左手にスタニスラスの墓所がある。だが教会を訪れる人は入ってすぐある黒い石を踏みつけて通り過ぎる。この無銘の石がエミリーの墓標である。一七九三年革命派に一時取り出された遺骨は再び埋め戻された。エミリーが『物理学教程』を捧げた息子フロラン＝ルイは軍人の道を選び公爵になった（彼が建てた

サンジャック教会

邸宅シャトレー館は廃兵院隣のグルネル通りに現存し労働省が使っている)。三部会議員として当初は革命を歓迎し革命派になったが国王一家逃亡事件を契機として反革命に転じた。一七九三年十二月十四日に断頭台で処刑された。マリー=アントアネット処刑の二か月後である。

ヴォルテールはエミリーの目を盗んで愛人としていた姪マリー=ルイーズ・ドニ夫人と晩年を過ごした。ヴォルテールの石棺は、ロンドンに逃れたジャンヌ・ド・ラ・モットが窓から転落死した一七九一年にパンテオンに納められたが、王政復古のとき荒らされ遺骨の行方はわからなくなった。サン=ランベールはパリに出て、ルソーの『告白』で名高いソフィー・ドゥドトー夫人の愛人となったが、一八〇三年に亡くなった。同じ年にロアン枢機卿も亡命先で亡くなったが少しは行状が改まったとのことだ。女たらしというのもなかなか大変なものだ。女たらしになれなくてよかった……かな?

エミリー墓碑

# マロニエの並木道を、二人っきりで

キュリー
*Pierre Curie*

ポン・ヌフとコンティ河岸

哲学者にして物理学者、詩人にして剣豪のシラノ・ド・ベルジュラックが無慮百人を相手に大立ち回りを演じたのはパリのコンティ河岸、ネールの塔の前だ。造幣局と学士院の間にコンドルセーの銅像が立っているが、その後方に、中世にはこのあたりにネールの塔があったことを示す史碑があり、「善良なる女王ジャンヌはヴィヨンの詩『こぞの雪は今いずこ』のおかげで記憶の中に生き続けている」と書かれている。無頼の詩人フランソア・ヴィヨンは「いま何処に在りや、ビュリダンを　嚢に封じ　セエヌ河に　投ぜよと　命じたまひし　女王。さはれさはれ　去年の雪　今は何処」（鈴木信太郎訳『ヴィヨン全詩集』、岩波文庫）と詠った。

女王ジャンヌは袋に詰めた一夜の愛人をネールの塔からセーヌ河に投げ捨てさせていた。後に二度もパリ大学総長になる哲学者ジャン・ビュリダンは窓の下にまぐさを積んだ舟を用意しておき九死に一生を得た。アレクサンドル・デュマの再来と称されたミシェル・ゼヴァコはサルトルが愛読した大衆作家で、反教権主

キュヴィエ通り生家

義、無政府主義者だが、その小説『ネールの塔の勇士ビュリダン』では、女王はジャンヌ・ド・ナヴァールではなく、彼女の息子ルイ十世の妃マルグリート・ド・ブルゴーニュになっている。デュマの『ネールの塔』も同じ設定だ。ビュリダンはからくも逃げたが、翌朝セーヌ河に死体となって浮かんだフィリップと、ビュリダンの身代わりとなってマルグリートに殺されたゴーティエは、実はマルグリートとビュリダンの間に生まれた双子の兄弟だった、というなんともおそろしい話だ。パリ大学を追われたビュリダンはヴィーンで、靴屋の女房を争って、後の法王クレメンス六世の頭を靴で殴りつけたという伝説も残っている。

女性遍歴はともかく、ビュリダンはガリレイへの道を準備した人だ。物体が運動を続けるのはそれを取り巻く空気などの外的要因によると考えたアリストテレス学派とは異なり、物体は運動を始めたとき付与された内的性質によってその運動を続けるという考え方を提案し、運動を続けようとする性質を「インペトゥス」と名づけた。インペトゥスは物体の速さと量にともなって増加するから、運動量の先駆となる概念である。ビュリダンは人間の徳性も増えたり減ったりするものだが、インペトゥスのように、いったん得られた徳性は慣性を持つと考えた。だがビュリダンの名は「ビュリダンのロバ」によって記憶されている。まったく同じ大きさの二つのわらの山の間に立ったロバは、どちらを選ぶか決断できないために、餓死してしまう、という、ビュリダンの決定論をからかった逆説だ。

ビュリダンが逃走用の舟を用意したのはポン・デザ

キュヴィエの家

ールとポン・ヌフの間だろう。ネールの塔は現存しないがドフィーヌ通りから入るネール通りに名を残している。一九〇六年四月十九日、ピエール・キュリーは、ダントン通りで、教育改革のために非エリート出身の理系教授たちが新たに組織した会に出席した。ピエールは副会長を務めた。会合を終えたピエールは論文校正のため、同僚で自宅の隣人でもある物理学者ジャン・ペランとともに、サン＝ミシェル広場からグランゾーギュスタン河岸に出て、出版社ゴーティエ＝ヴィラールに赴いたが、出版社はスト中で閉まっていた。帰宅するペランと別れたピエールは、学士院の図書館に立ち寄るため、ポン・ヌフに向かった。空気は冷たく雨が激しく降っていた。ピエールはポン・ヌフのたもとで、コンティ河岸に向かって、ドフィーヌ通りを横断するとき足をすべらせた。ポン・ヌフを渡ってきた二頭立ての荷馬車の後輪がピエールの頭蓋骨を砕いた。即死だった。

　ピエールは一八五九年五月十五日にパリのキュヴィエ通りにあるアパルトマンで生まれた。通りを隔てて広大な植物園がある。父ウジェーヌは当時その中にある自然史博物館で助手をしていた。その近くに博物学者ジョルジュ・キュヴィエの家が残っているが、一八九六年にベクレールがウランからの放射線を発見した家でもある。キュヴィエの胸像の上に「アンリ・ベクレールは一八九六年三月一日博物館応用物理実験室で放射能を発見した」と書かれている。キュヴィエもピエールの祖父も、一七九三年までヴュルテンベルク公国に属していたモンベリアル出身である。祖父も父も医師だった。ミュルーズに生まれた父は反教権主義、急進共和主義者で、一八四八年の革命ではバリケードの中で負傷者を手当てしているとき銃弾を受けてあごを砕かれた。翌年のコレラ大流行では、大多数の医者がパリを逃げ出す中で、死を賭して病人の看護にあたった。一八七一年のパリコミューンにおける「血の一週間」ではラ・ヴィジタシオン通り（現在のサン＝シ

ピエール・キュリー

モン通り）にあった自宅を臨時診療所にした。ピエールも兄ジャックも父を手伝ってバリケードから負傷者を運んできた。ピエールは小学校にもリセーにも通わず、両親と兄から教育を受け、十六歳でソルボンヌに入学し十八歳で卒業したが、経済的理由で助手の職に就いた。ピエールはグランドゼコールに進学せずエリート教育を受けなかった。一八八〇年二十一歳のとき兄と共同で「圧電気」を発見した。物質に電場を作用させると正負の電荷が逆方向に引っ張られ電荷分布が変化する。これが「分極」と呼ばれる現象だが、キュリー兄弟は物質を圧縮したり引き伸したりしても分極が起こることを発見した。また翌年には、物質を分極させると変形を起こす「逆圧電効果」も検証した。圧電気を応用して微量の電気を正確に量る測定器を考案しているが、これが後に放射線の研究に役立つことになる。

フランスは一八七一年に普仏戦争でアルザスを失いそのためミュルーズ化学学校を失った。パリへ逃れた化学学校教授シャルル・ロートが、高い科学知識を持

つ技術者を養成する職業学校を設立するよう市当局に請願した。ピエールは一八八二年にラタン区に開校された市立工業物理化学学校の物理実習助手に選ばれた。それ以後二十三年間をこの学校で過ごすことになる。なにもない学校ですべてをはじめからつくらなければならない。だが重い任務の合間にも対称性に関する理論研究を始めた。最初の論文は一八八四年だが一八九四年の論文「物理現象における対称性について、電場と磁場の対称性」で「ある原因がある効果をもたらすとき、生じた結果には原因における対称性の諸要素が見出されなければならない」と言っている。現代では「キュリーの原理」と呼ばれる線形応答について成り立つ普遍的な法則だ。「対称性」は現代物理学において基本的に重要な概念だがその最初の扉を開いたのがピエールだった。また現代では「対称性の破れ」と呼ばれる概念の嚆矢を放ったのもピエールである。

実習助手では研究費もなく実験室を持つことはできない。アルザス出身の初代校長ポール・シュツェンベルガーの好意でピエールが不朽の価値を持つ磁気の研究を行ったのは階段と教育用実験室に挟まれた廊下だった。ピエールは常磁性体の磁化が絶対温度に逆比例する「キュリーの法則」を発見した。また強磁性体（磁石）を熱すると常磁性体になることを検証した。ピエールは常磁性を気体状態に、強磁性を凝縮状態に例えている。磁性を現代的に説明すればこうだ。磁性体はスピンが無数に集まった物質である。スピンは二つの値しか取ることができない。それらを「上向き」と「下向き」と呼ぶことにする。磁場がないとき、スピンは、ビュリダンのロバと同じで、対称性から、上

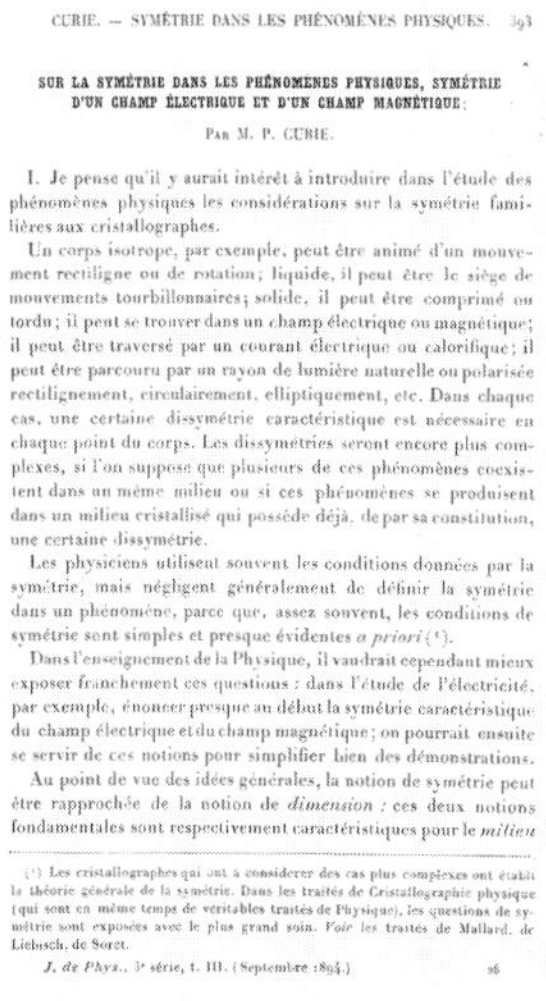
CURIE. — SYMÉTRIE DANS LES PHÉNOMÈNES PHYSIQUES. 393

SUR LA SYMÉTRIE DANS LES PHÉNOMÈNES PHYSIQUES, SYMÉTRIE D'UN CHAMP ÉLECTRIQUE ET D'UN CHAMP MAGNÉTIQUE;

Par M. P. CURIE.

I. Je pense qu'il y aurait intérêt à introduire dans l'étude des phénomènes physiques les considérations sur la symétrie familières aux cristallographes.

Un corps isotrope, par exemple, peut être animé d'un mouvement rectiligne ou de rotation; liquide, il peut être le siège de mouvements tourbillonnaires; solide, il peut être comprimé ou tordu; il peut se trouver dans un champ électrique ou magnétique; il peut être traversé par un courant électrique ou calorifique; il peut être parcouru par un rayon de lumière naturelle ou polarisée rectilignement, circulairement, elliptiquement, etc. Dans chaque cas, une certaine dissymétrie caractéristique est nécessaire en chaque point du corps. Les dissymétries seront encore plus complexes, si l'on suppose que plusieurs de ces phénomènes coexistent dans un même milieu ou si ces phénomènes se produisent dans un milieu cristallisé qui possède déjà, de par sa constitution, une certaine dissymétrie.

Les physiciens utilisent souvent les conditions données par la symétrie, mais négligent généralement de définir la symétrie dans un phénomène, parce que, assez souvent, les conditions de symétrie sont simples et presque évidentes *a priori* (1).

Dans l'enseignement de la Physique, il vaudrait cependant mieux exposer franchement ces questions : dans l'étude de l'électricité, par exemple, énoncer presque au début la symétrie caractéristique du champ électrique et du champ magnétique; on pourrait ensuite se servir de ces notions pour simplifier bien des démonstrations.

Au point de vue des idées générales, la notion de symétrie peut être rapprochée de la notion de *dimension* : ces deux notions fondamentales sont respectivement caractéristiques pour le *milieu*

(1) Les cristallographes qui ont à considérer des cas plus complexes ont établi la théorie générale de la symétrie. Dans les traités de Cristallographie physique (qui sont en même temps de véritables traités de Physique), les questions de symétrie sont exposées avec le plus grand soin. *Voir* les traités de Mallard, de Liebisch, de Soret.

*J. de Phys.*, 3e série, t. III. (Septembre 1894.) 26

「物理現象における対称性について、電場と磁場の対称性」

ラ・グラシエール通り旧居

を向いていいか下を向いていいかわからない。高温で勝手な向きに並んだスピンの集合が常磁性体だ。温度が低くなるとスピンが一斉に同じ向きになる。それが強磁性だ。強磁性と常磁性の臨界温度を「キュリー温度」と呼んでいる。

「キュリー温度」は磁性に限らない普遍的な概念だ。強磁性のように、スピンが同じ向きを向いた状態は対称性を破っている。無数の自由度を持つ系で対称性を破った状態が実現することを「自発的対称性の破れ」と言っている。そして自発的対称性の破れにともなって質量0の「南部‐ゴールドストン粒子」が現れる。クォーク二個から構成されるパイ中間子は「カイラル対称性」（質量0の「右巻き」粒子と「左巻き」粒子が別々の対称性を持つ）が自発的に破れたことによって生じる南部‐ゴールドストン粒子である。光子もまた南部‐ゴールドストン粒子と考えてよい。そして対称性の破れた低温における凝縮状態は温度を上げると対称性の回復した気体状態になる。「キュリー温度」というのは相転移温度のことだ。

ピエールは一八九一年に始めた磁性の研究を一八九五年に博士論文「さまざまな温度における物体の磁気的性質について」として提出した。父も、前年に出会ったマリー（マリア・スクウォドフスカ）も、三月六日の審査会を傍聴した。マリーと出会うことがなかったらピエールは学位を取ろうとはしなかったかもしれない。翌日には物理化学学校教授に昇格し、七月二十六日にマリーと結婚した。三十六歳になっていた。結婚前にピエールが訪れたマリーのアパルトマン（六

物理化学学校

階）はエコール・ノルマールの先のフヤンティーヌ通りに、二人の小さな新居のあるアパルトマン（四階）は物理化学学校を南下したラ・グラシエール通りに残っている。校長シュツェンベルガーは、映画『シュッツ氏の勲章』では、勲章欲しさにピエールとマリーを研究に駆り立てる俗物シュッツとして登場するが、実際は優れた人格者で、異例のことだが、マリーがピエールの実験室で研究することを許可した（シュツェンベルガーは一八九七年に亡くなっているから映画のシュッツ氏は架空の人物だ）。一八九六年にベクレールが放射線を発見するとマリーは博士論文のテーマとして放射線の研究を始めた。夫妻が実験を行ったのは学校の中庭にある粗末なバラックだった。その跡地に銘板と、キュリー夫妻、ジョリオ＝キュリー夫妻の四人の肖像が取り付けられている。

　れんが造りの物理化学学校はエコール・ノルマールに隣接している。外壁にはバラックの位置を示す銘板が取り付けてあり、「ここにピエール・マリー・キュ

物理化学学校正門

バラック跡を示す銘板

リーがラディウムを発見した実験室があった」と書かれている。ピエール没後百周年にあたる昨年、物理化学学校を訪れたとき、付属博物館「パリ科学空間」でピエール・キュリー展をやっていた。午前中で見学者がいなかったせいだろう。名誉教授のルグラン先生につかまってしまった。展示物を隅から隅まで説明していただいただけでなく、中庭のバラックの跡地を見下ろす研究室まで案内してたくさんの資料をくださった。ところでそのルグラン先生までがピエールのことを「キュリー夫人の夫」と言っていた。ピエールとマリーの知名度に極端な「対称性の破れ」がある。

宮本百合子は、マリーの生涯で一貫しているのは、雄々しく辛苦を凌ぐ粘りと勇気を持てた「命の焔」だと言っているが、ピエールも静かな命の焔を燃やし続けた。ピエールは無私無欲、地位や名誉に無関心で、エリート出身でもなかったから昇進は遅かった。一九〇〇年にジュネーヴ大学に招聘されたが断った。同年ポアンカレーの尽力でソルボンヌにおいて医学部進学生に物理を教える講師を兼任することになった。生家



バラック跡（右頁）

実験室入口（右頁）とその内部

のあるキュヴィエ通りには現在パリ第六大学（ピエール・エ・マリー・キュリー大学）の一部となった建物にピエールが講義していた階段教室がある。守衛が親切に案内してくれた。守衛はさらに中庭にある狭い実験室を見せてくれた。ピエールがソルボンヌ教授に任命されたのはノーベル賞受賞の翌年の一九〇四年十月一日になってからだが当初は実験室さえ与えられなかった。物理化学学校を退職したのは翌一九〇五年十月一日で、やっとのことで得たのがこの狭い実験室だが、

旧ソルボンヌ分校

ソー城

ピエールは間もなく輪禍に遭う。

アルフレド・ドレフュスはピエールと同年にミュルーズに生まれた。アルザスのドイツ併合後もフランス国籍を保持し、愛国心から軍人の道を選んだ。エコール・ポリテクニークを卒業して、通牒者として逮捕され、翌年終身流刑の判決を受けた。だが一八九四年に対独エミール・ゾラがドレフュスを擁護するために「私は弾劾する」を『オロール』誌に発表したのは一八九八年一月十三日だが、ミシェル・ゼヴァコも自身が編集する『反教権主義』誌でドレフュスのために論陣を張った。大衆小説を書き始めたのはその後である。科学に全幅の信頼を置き、科学と平和が無知と戦争にうち勝つ、と信じて政治的な発言をしなかったピエールもこのときだけは違った。「ドレフュス事件はピエール・キュリーが沈黙を破って政治的論争に熱くなった数少ない場合だった。だがその場合も彼の行為は党派精神にかられたものではなかった。彼は、きわめて自然に、罪のない迫害された人間の側に立った。彼は正しい人間であったから、恐ろしい不正に反対して闘わ

キュリー家旧居

なければならなかった」(エーヴ・キュリー『キュリー夫人』)。破棄院がレンヌ軍法会議判決を破棄しドレフュスを無罪にしたのは一九〇六年七月十二日のことだがピエールはすでに亡くなっていた。

物理化学学校やソルボンヌの最寄り駅はパリを縦断する近郊線Bのリュクサンブール駅だ。ピエールやマリーがそうしたように、リュクサンブール駅で乗車し南下するとブール=ラ=レーヌに出る。ガロアの墓所や、コンドルセーが亡くなった牢獄がある。近郊線Bはブール=ラ=レーヌから短い支線が出ていてソー、フォントネー=オ=ローズを経てロバンソンで終点だ。パリコミューンを支持した父はブルジョア階級の患者を失ったため一八七三年にフォントネー=オ=ローズ、一八八二年にはロバンソン駅に近いソーに移り住んだ。一八八五年から一八九一年までブール=ラ=レーヌ駅近くのリセー・ラカナルで学校医の職を得た。ソーの町を圧倒するのは広大な公園だ。その中に革命時代に破壊され再建されたソー城がある。エミリー・デュ・シャトレーが借金返済のため金策に走り回っている間

キュリー家墓碑

ヴォルテールが匿われていた城だ（ルイ十五世妃マリー・レクザンスカが主催する賭場に参加したエミリーは負け続け、八万四千リーヴル、約十億円という借金をつくった）。道を隔てた城の向かいがリセー・ラカナルだ。公園の北西の門を出て少し行くとピエール・キュリー通り（当時のサブロン通り）との三叉路に小さな居心地のよさそうなキュリー家旧居がある。ピエールとマリーが結婚したソー市庁舎はそこから坂道を上がったところにある。キュリー家は貧しいが知的で善意にあふれた家族だった。ピエールは結婚して家を出たが、一八九七年に母を亡くした父とともに一九〇〇年にパリ南端のケレルマン大通りに面した家に移り住んだ。近郊線Bの大学都市駅の近くだ。跡地に建てられたアパルトマンにキュリー夫妻のレリーフが取り付けてある。数学者ポール・アペルとジャン・ペランがピエールの死を伝えにこの家に駆けつけたとき、ドアを開けた父は「あいつは何を夢見ていたのだろう」とつぶやいた。

両親とキュリー夫妻の墓はソー墓地にある。ロバンソン駅のすぐ近くだ。墓碑は墓地内の小さなマロニエの並木道に面している。向かいにイレーヌとフレデリク・ジョリオ＝キュリーの墓もある。「ピエールとマリー・キュリーは一九九五年四月二十日以来パンテオンに眠っている」と書かれている。だが、自然を愛し、栄誉を嫌ったピエールは、薄暗いパンテオンの地下墓地よりも、両親や妻や娘夫婦とともにソーの墓地にとどまりたかったのではないだろうか。

# アウフ・ヴィーダーゼーエン

物理の旅はいかがだっただろう。

この仕事は、アンペールの法則を講義している途中で、ふと、「ぼくはアンペールの論文を読んだこともないのに、知ったかぶりをしていいのだろうか」と疑問を感じたことから始まった。そして、アンペールの論文を読むとどこにもアンペールの法則が書かれていないことを発見する。間もなくアンペールの法則はマクスウェルの創造であることを見つけてしまう。世の中にあふれている教科書はいったいなんなんだ？　こうして、原論文を読み、物理学者の伝記を集める作業が始まった。さらに、すべてを自分の目で確かめたくなった。海外出張のたびに物理学者の生家や墓を訪ねる習慣がついてしまった。この本はこれらの旅に基づいている。

ボウディチ、シュレーディンガー、フラウンホーファー、ラムフォード、フレネール、ド・ブロイの六編は書き下ろし、デーブリーン、デュ・シャトレー、キュリーの三編は雑誌『ＵＰ』に連載したエッセイを増補したものである。アンペール、グリーン、カルノー、ノイマン、シラノとガサンディー、ゲーリケ、キャヴェンディシュの七編は雑誌『パリティ』に連載したエッセイに基づいているが、原形をとどめないほど書き直した。

それではまた物理の旅にご一緒できる日まで、アウフ・ヴィーダーゼーエン。

**著者略歴**
1967 年　東京大学理学部物理学科卒業.
1972 年　東京大学大学院理学系研究科物理学専攻修了．理学博士.
1980-2 年　マサチューセッツ工科大学理論物理学センター研究員.
1982-3 年　アムステルダム自由大学客員教授.
1990-1 年　エルランゲン大学客員教授.
現　在　東京大学名誉教授.

**主要著書**
『電磁気学 I』,『電磁気学 II』（丸善，2000）
[改訂版：『電磁気学の基礎 I』,『電磁気学の基礎 II』（シュプリンガー・ジャパン，2007）]
『マクスウェル理論の基礎』（東京大学出版会，2002）
『マクスウェルの渦　アインシュタインの時計』（東京大学出版会，2005）
『アインシュタイン　レクチャーズ@駒場』（共編，東京大学出版会，2007）

「寝て待てど暮らせど更に何事もなきこそ人の果報なりけれ」
（四方赤良）

哲学者たり、理学者たり　物理学者のいた街

2007 年 10 月 18 日　初　版

[検印廃止]

著　者　太田《おおた》 浩一《こういち》

発行所　財団法人　東京大学出版会
代 表 者　岡本 和夫
113-8654 東京都文京区本郷 7-3-1 東大構内
http://www.utp.or.jp/
電話 03-3811-8814　Fax 03-3812-6958
振替 00160-6-59964

印刷所　三美印刷株式会社
製本所　矢嶋製本株式会社


ISBN 978-4-13-063602-5　Printed in Japan